INHALT

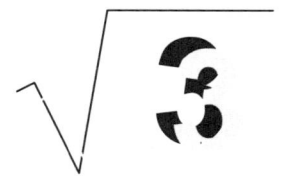

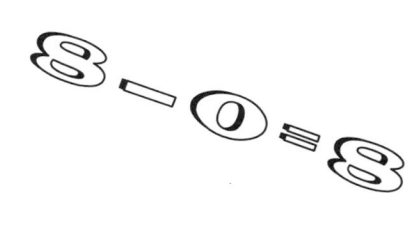

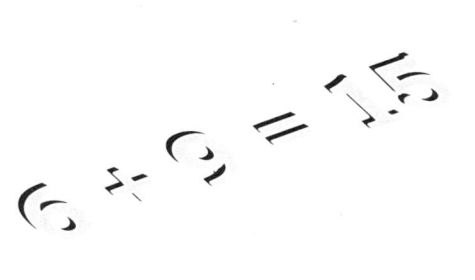

Zahlen
Rechen... 4
Rechengesetze 6
Rechenvereinbarungen 8
Teilbarkeitslehre 10
Primzahltabellen 14
Rechnen mit Brüchen 16
Rechnen mit Dezimalbrüchen 20
Rechnen mit rationalen Zahlen 22
Rechnen mit Quadratwurzeln 24
Rechnen mit Potenzen 26
Rechnen mit Logarithmen 28
Zahlsysteme 30
Runden von Zahlen 32
Längenmaße 34
Flächenmaße 35
Volumenmaße 36
Gewichtsmaße (Massen) 37
Zeitspannen 38
Große Zahlen 40
Kleine Zahlen 41
Prozentrechnung 42
Zinsrechnung 44
Register 46
Wichtige Zeichen und Symbole 48

ZAHLENMENGEN

NATÜRLICHE ZAHLEN

$\mathbb{N}$

Zahlenstrahl

$\mathbb{N} = \{\ 0;\ 1;\ 2;\ 3;\ ...\ \}$ ist die Menge der natürlichen Zahlen einschließlich der Null.

Natürliche Zahlen verwendet man zum **Zählen** und **Nummerieren.** Darstellen kann man die natürlichen Zahlen am **Zahlenstrahl**:

```
├───┼───┼───┼───┼───┼───┼──▶
0   1   2   3   4   5   6
```

GANZE ZAHLEN

$\mathbb{Z}$

Zahlengerade

positive ganze Zahlen
negative ganze Zahlen

$\mathbb{Z} = \{\ ...\ ;\ -3;\ -2;\ -1;\ 0;\ 1;\ 2;\ 3;\ ...\ \}$ ist die Menge der ganzen Zahlen. Man erhält sie, indem man den Zahlenstrahl durch Spiegelung am Nullpunkt zur **Zahlengeraden** erweitert:

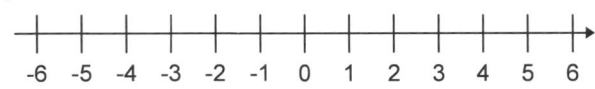

```
├──┼──┼──┼──┼──┼──┼──┼──┼──┼──┼──┼──▶
-6 -5 -4 -3 -2 -1  0  1  2  3  4  5  6
```

Die Zahlen rechts von der Null heißen **positive ganze Zahlen**, die Zahlen links von der Null **negative ganze Zahlen**.

RATIONALE ZAHLEN

$\mathbb{Q}$

gebrochene Zahlen

$\mathbb{Q} = \{\frac{p}{q}\ |\ p,\ q \in \mathbb{Z}\ \text{und}\ q \neq 0\}$ ist die Menge der rationalen Zahlen. Sie setzt sich zusammen aus der Menge der ganzen Zahlen und der Menge aller positiven und negativen **gebrochenen Zahlen.** Jede rationale Zahl lässt sich sowohl als Bruch als auch als abbrechende bzw. periodische Dezimalzahl schreiben.

Beispiele:

In der ersten Zeile der Tabelle stehen einige rationale Zahlen als Bruchzahlen. Darunter sind dieselben Zahlen als Dezimalzahlen notiert.

$\frac{1}{2}$	$-1\frac{3}{4}$	$2 = \frac{2}{1}$	$\frac{1}{3}$	$-\frac{6}{11}$	$4\frac{7}{30}$
0,5	−1,75	2,0	$0,\overline{3}$	$-0,\overline{54}$	$4,2\overline{3}$

ZAHLENMENGEN

$\mathbb{R}$ ist die Menge der reellen Zahlen. Sie besteht aus der Menge der rationalen Zahlen und der Menge der **irrationalen Zahlen**. Irrationale Zahlen sind alle nichtabbrechenden, nicht-periodischen Dezimalzahlen.

Dargestellt werden irrationale Zahlen, indem man die ersten Stellen angibt und die weiteren – also unendlich vielen! – Stellen durch Punkte andeutet.

Beispiele:
2,371342...   0,1010010001...   4,131133111...
Bekannte irrationale Zahlen sind $\sqrt{2}$, die Kreiszahl π und die Eulersche Zahl **e**.
$\sqrt{2}$ = 1,414213... π = 3,141592...   e = 2,718281...

REELLE ZAHLEN
$\mathbb{R}$

irrationale Zahlen

Mit $\mathbb{N}^*$; $\mathbb{Z}^*$; $\mathbb{Q}^*$ und $\mathbb{R}^*$ werden die jeweiligen Zahlenmengen **ohne** die Null bezeichnet.

$\mathbb{N}^*$; $\mathbb{Z}^*$; $\mathbb{Q}^*$; $\mathbb{R}^*$

Intervalle sind zusammenhängende Teilmengen von $\mathbb{R}$. Für a, b $\in \mathbb{R}$ mit a < b sind folgende Schreibweisen und Bezeichnungen geläufig:

INTERVALLE

Symbol	Bezeichnung	Menge
] a; b [	offenes Intervall	{ x $\in \mathbb{R}$ | a < x < b}
] a; b]	linksoffenes Intervall	{ x $\in \mathbb{R}$ | a < x $\leq$ b}
[a; b [	rechtsoffenes Intervall	{ x $\in \mathbb{R}$ | a $\leq$ x < b}
[a; b]	abgeschlossenes Intervall	{ x $\in \mathbb{R}$ | a $\leq$ x $\leq$ b}

] a; b [

] a; b]

[a; b [

[a; b]

Beispiele:
1)] –1; 2 [*2)*] –1; 2]   *3)* [–1; 2 [*4)* [–1; 2]
Die vier Intervalle bestehen aus allen reellen Zahlen, die größer als –1 und kleiner als 2 sind. Beim zweiten Intervall kommt noch die 2 hinzu, beim dritten die –1 und beim vierten beide Randzahlen, also –1 und 2.

RECHENARTEN

ADDIEREN

Addition

+ (plus)

Summand

Summe

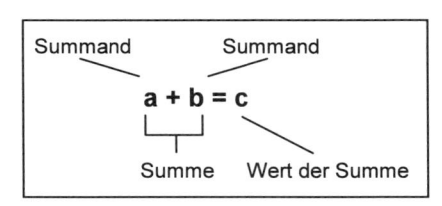

Rechenart:

Addition

```
Summand     Summand
    \         /
    a + b = c
    └─┘   \
   Summe  Wert der Summe
```

Beispiele:
1) Addiere 3 zu 5.   *5 + 3 = 8*
2) Berechne die Summe von 6 und 3.   *6 + 3 = 9*
3) Ein Summand heißt 1, der andere 6.
   Wie groß ist die Summe?   *1 + 6 = 7*

SUBTRAHIEREN

Subtraktion

− (minus)

Minuend

Subtrahend

Differenz

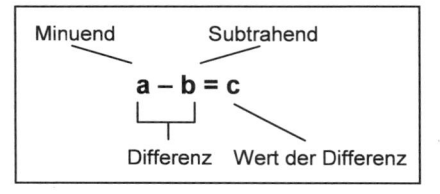

Rechenart:

Subtraktion

```
Minuend     Subtrahend
    \         /
    a − b = c
    └─┘   \
 Differenz  Wert der Differenz
```

Beispiele:
1) Subtrahiere 3 von 8.   *8 − 3 = 5*
2) Berechne die Differenz von 9 und 6.   *9 − 6 = 3*
3) Der Minuend heißt 7, der Subtra-
   hend 1. Wie groß ist die Differenz?   *7 − 1 = 6*

MULTIPLIZIEREN

Multiplikation

· (mal)

Faktor

Produkt

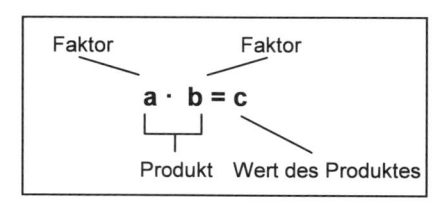

Rechenart:

Multiplikation

```
Faktor      Faktor
    \         /
    a · b = c
    └─┘   \
  Produkt  Wert des Produktes
```

Beispiele:
1) Multipliziere 5 mit 3.   *5 · 3 = 15*
2) Berechne das Produkt von 4 und 6.   *4 · 6 = 24*
3) Ein Faktor heißt 9, der andere 2.
   Wie groß ist das Produkt?   *9 · 2 = 18*

RECHENARTEN

Rechenart:

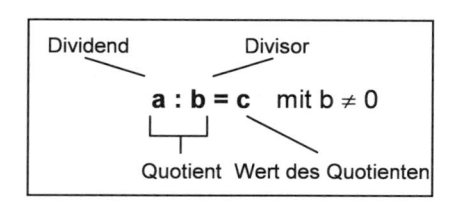

Division

```
Dividend      Divisor
    a : b = c   mit b ≠ 0
    └─┬─┘   ╲
  Quotient  Wert des Quotienten
```

DIVIDIEREN

Division

: (geteilt durch)

Dividend

Divisor

Quotient

Beispiele:
1) *Dividiere 15 durch 3.*   15 : 3 = 5
2) *Berechne den Quotienten von 24 und 6.* 24 : 6 = 4
3) *Der Dividend heißt 18, der Divisor 2.*
   Wie groß ist der Quotient?   18 : 2 = 9

Multipliziert man eine Zahl wiederholt mit sich selbst, so lässt sich das Produkt verkürzt schreiben:

$$\underbrace{a \cdot a \cdot a \cdot \ldots \cdot a \cdot a \cdot a}_{n \text{ - mal}} = a^n$$

Der Ausdruck „ a^n " heißt „Potenz" und wird gelesen als „**a hoch n**". Die Rechenart heißt „**Potenzieren**".

POTENZIEREN

a^n

„a hoch n"

Basis
Grundzahl

Exponent
Hochzahl

Potenz

Beispiele:
1) $3 \cdot 3 \cdot 3 \cdot 3 \cdot 3 = 3^5$ 2) $5 \cdot 5 \cdot 5 = 5^3$

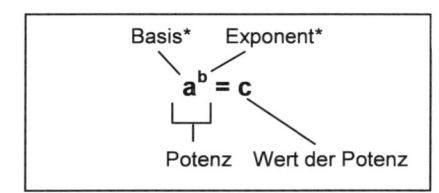

```
     Basis*  Exponent*
        ╲    ╱
        a^b = c
        └┬┘   ╲
      Potenz  Wert der Potenz
```

* Anmerkung:

Für den Begriff „Basis" wird manchmal das Wort „Grundzahl" verwendet, für den Begriff „Exponent" das Wort „Hochzahl".

Beispiele:
1) *Berechne die fünfte Potenz von 3.* $3^5 = 243$
2) *Berechne die dritte Potenz von 5.* $5^3 = 125$
3) *Potenziere 2 mit 6 und berechne.* $2^6 = 64$
4) *Potenziere 6 mit 2 und berechne.* $6^2 = 36$

Rechengesetze

Abgeschlossenheit

Addition und Multiplikation

Subtraktion und Division

Verknüpft man zwei Zahlen aus einer Zahlenmenge M mit +, −, · oder :, so stellt sich die Frage, ob das Ergebnis in jedem Fall wieder zu M gehört. Wenn ja, dann heißt die entsprechende Rechenart „abgeschlossen in M". Es gilt:
1. Die Subtraktion ist **nicht** abgeschlossen in $\mathbb{N}$.
2. Die Division ist **nicht** abgeschlossen in $\mathbb{N}^*$.
3. Die Division ist **nicht** abgeschlossen in $\mathbb{Z}^*$.
4. Die Rechenarten + und · sind in den Mengen $\mathbb{N}$, $\mathbb{Z}$, $\mathbb{Q}$ und $\mathbb{R}$ abgeschlossen. Die Subtraktion ist in $\mathbb{Z}$, $\mathbb{Q}$ und $\mathbb{R}$ abgeschlossen. Die Division ist abgeschlossen in den Mengen $\mathbb{Q}^*$ und $\mathbb{R}^*$.

Beispiele: zu 1) $3 - 4 \notin \mathbb{N}$ zu 3) $(-4) : 6 \notin \mathbb{Z}$

Neutrales Element

... der Addition: 0

... der Multiplikation: 1

Addiert man die Zahl 0 zu einer beliebigen Zahl a, so bleibt die Zahl unverändert:

$3 + 0 = 3$ $-0,5 + 0 = -0,5$ $a + 0 = a$

Die Zahl **0** ist das **neutrale Element der Addition**.

Multipliziert man eine beliebige Zahl a mit der Zahl 1, so bleibt die Zahl unverändert:

$5 \cdot 1 = 5$ $-2,7 \cdot 1 = -2,7$ $a \cdot 1 = a$

Die Zahl **1** ist das **neutrale Element der Multiplikation**.

Inverse Elemente

... der Addition: −a

... der Multiplikation: $\frac{1}{a}$

Addiert man zu einer beliebigen Zahl a ihre Gegenzahl −a, so erhält man die Zahl 0:

$4 + (-4) = 0$ $-6,2 + (+6,2) = 0$ $a + (-a) = 0$

Die Gegenzahl **−a** ist das **additiv-inverse Element der Zahl a**.

Multipliziert man eine beliebige Zahl $a \neq 0$ mit ihrem Kehrbruch $\frac{1}{a}$, so erhält man die Zahl 1:

$2 \cdot \frac{1}{2} = 1$ $-0,5 \cdot (-\frac{1}{0,5}) = 1$ $a \cdot \frac{1}{a} = 1$

Der Kehrbruch $\frac{1}{a}$ ist das **multiplikativ-inverse Element der Zahl a**.

RECHENGESETZE

Bei einer Summe darf man die Summanden vertauschen: $$a + b = b + a$$ *Beispiele:* $3 + 2 = 2 + 3 = 5 \qquad -3 + 2 = 2 + (-3) = -1$ Bei einem Produkt darf man die Faktoren vertauschen: $$a \cdot b = b \cdot a$$ *Beispiele:* $3 \cdot 2 = 2 \cdot 3 = 6 \qquad -3 \cdot 2 = 2 \cdot (-3) = -6$	**KOMMUTATIV-GESETZ** … der Addition … der Multiplikation
Bei einer Summe mit mehreren Summanden darf man beliebig Klammern setzen: $$a + b + c = (a + b) + c = a + (b + c)$$ *Beispiel:* $3 + 2 + 8 = (3 + 2) + 8 = 3 + (2 + 8) = 13$ Bei einem Produkt mit mehreren Faktoren darf man beliebig Klammern setzen: $$a \cdot b \cdot c = (a \cdot b) \cdot c = a \cdot (b \cdot c)$$ *Beispiel:* $13 \cdot 2 \cdot 5 = (13 \cdot 2) \cdot 5 = 13 \cdot (2 \cdot 5) = 130$	**ASSOZIATIV-GESETZ** … der Addition … der Multiplikation
Eine Summe kann man mit einer Zahl multiplizieren, indem man jeden Summanden mit der Zahl multipliziert und die Produkte dann addiert: $$(a + b) \cdot c = a \cdot c + b \cdot c$$ *Beispiel:* $(30 + 2) \cdot 8 = 30 \cdot 8 + 2 \cdot 8 = 240 + 16 = 256$ Eine Summe kann man durch eine Zahl dividieren, indem man jeden Summanden durch die Zahl dividiert und die Quotienten dann addiert: $$(a + b) : c = a : c + b : c; \qquad c \neq 0$$ *Beispiel:* $(240 + 16) : 8 = 240 : 8 + 16 : 8 = 30 + 2 = 32$	**DISTRIBUTIV-GESETZ** Multiplizieren einer Summe Dividieren einer Summe

RECHENVEREINBARUNGEN

RECHENARTEN GLEICHER STUFE

Rechnen von „links nach rechts"

Kommen in einem Rechenausdruck nur Rechenarten gleicher Stufe vor, so wird „von links nach rechts" gerechnet, wenn durch Klammern nichts anderes festgelegt ist.

Rechenarten gleicher Stufe sind:
1. Stufe: Addieren und Subtrahieren (Strichrechnung)
2. Stufe: Multiplizieren und Dividieren (Punktrechnung)

Beispiele:
1) $3 + 5 - 2 + 7 = 8 - 2 + 7 = 6 + 7 = 13$
2) $5 \cdot 8 : 10 : 2 = 40 : 10 : 2 = 4 : 2 = 2$

RECHENARTEN VERSCHIEDENER STUFEN

„Potenzrechnung vor Punktrechnung vor Strichrechnung"

Kommen in einem Rechenausdruck Rechenarten verschiedener Stufen vor und ist die Reihenfolge nicht durch Klammern festgelegt, dann gilt:

Punktrechnung geht vor Strichrechnung.
Potenzrechnung geht vor Punktrechnung.

Beispiele:
1) $3 \cdot 5 - 14 : 7 = 15 - 2 = 13$
2) $3 \cdot 2^4 = 3 \cdot 16 = 48$
3) $8 + 32 : 2^4 = 8 + 32 : 16 = 8 + 2 = 10$

KLAMMERN

zuerst berechnen

Kommen in einem Rechenausdruck Klammern vor, so werden diese zuerst berechnet. Bei verschachtelten Klammern wird die innere Klammer zuerst berechnet.

Beispiele:
1) $3 \cdot (15 - 14) = 3 \cdot 1 = 3$
2) $20 - [12 - (6 - 4)] = 20 - (12 - 2) = 20 - 10 = 10$
3) $(3 \cdot 2)^2 = 6^2 = 36$
4) $(2^3)^2 = 8^2 = 64$
5) $2^{(3^2)} = 2^9 = 512$

RECHENVEREINBARUNGEN

KLAMMERN AUFLÖSEN

Steht vor einer eingeklammerten Summe oder Differenz ein Plus- oder Minuszeichen, so gilt:

1. Steht ein Pluszeichen vor der Klammer, so kann die Klammer weggelassen werden (Beispiele 1 und 2):
   a + (b + c) = a + b + c   **a + (b − c) = a + b − c**

2. Steht ein Minuszeichen vor der Klammer, so kann die Klammer weggelassen werden, wenn gleichzeitig die Rechenzeichen in der Klammer umgekehrt werden (Beispiele 3 und 4):
   a − (b + c) = a − b − c   **a − (b − c) = a − b + c**

Beispiele:
1) 8 + (42 + 19) = 8 + 42 + 19 = 50 + 19 = 69
2) 8 + (42 − 19) = 8 + 42 − 19 = 50 − 19 = 31
3) 56 − (36 + 18) = 56 − 36 − 18 = 20 − 18 = 2
4) 56 − (36 − 18) = 56 − 36 + 18 = 20 + 18 = 38

$a + (b + c)$
$= a + b + c$

$a + (b − c)$
$= a + b − c$

$a − (b + c)$
$= a − b − c$

$a − (b − c)$
$= a − b + c$

VORTEILHAFTES RECHNEN

Durch Anwendung von Rechengesetzen (Kommutativgesetz, Assoziativgesetz, Distributivgesetz; s. Seite 7) kann man oft bequemer rechnen. Außerdem kann es vorteilhaft sein, Zahlen zunächst geschickt zu zerlegen. Wichtige **Zerlegungen** sind z. B.:

für Addition und Subtraktion:

99 = 100 − 1	199 = 200 − 1	999 = 1 000 − 1
98 = 100 − 2	198 = 200 − 2	998 = 1 000 − 2
97 = 100 − 3	197 = 200 − 3	997 = 1 000 − 3
usw.	usw.	usw.

für Multiplikation und Division:

100 = 2 · 50	1 000 = 2 · 500	1 000 = 8 · 125
100 = 4 · 25	1 000 = 4 · 250	1 000 = 20 · 50
100 = 20 · 5	1 000 = 5 · 200	1 000 = 25 · 40

Beispiele:
1) 43 + 58 + 7 − 28 = (43 + 7) + (58 − 28) = 50 + 30 = 80
2) 125 · 17 · 8 = 17 · (8 · 125) = 17 · 1 000 = 17 000
3) 22 · 17 = (20 + 2) · 17 = 20 · 17 + 2 · 17 = 340 + 34 = 374
4) 652 − 396 = 652 − (400 − 4) = 652 − 400 + 4 = 256

$a + b = b + a$
$a · b = b · a$

$a + (b + c)$
$= (a + b) + c$

$a · (b · c)$
$= (a · b) · c$

$a · (b + c)$
$= a · b + a · c$

$(a + b) : c$
$= a : c + b : c$

TEILBARKEITSLEHRE

TEILER
VIELFACHES

komplementäre Teiler

Teilermenge T_a

Vielfachenmenge V_a

Ist eine natürliche Zahl a ohne Rest durch eine natürliche Zahl b teilbar, dann heißt b „Teiler" von a und a heißt „Vielfaches" von b. (a; b ≠ 0)

Ist b Teiler von a, so schreibt man b|a, gelesen „b teilt a".

Sind b und c Teiler von a und gilt a = b · c, dann heißen b und c „komplementäre Teiler von a".

Alle Teiler von a zusammen bilden die „Teilermenge" T_a von a. Alle Vielfachen von a zusammen bilden die „Vielfachenmenge" V_a von a. Jede Teilermenge hat endlich viele, jede Vielfachenmenge unendlich viele Elemente.

Beispiele:
1) *3 ist Teiler von 18, denn 18 : 3 = 6.*
2) *6 ist Teiler von 18, denn 18 : 6 = 3.*
3) *3 und 6 sind komplementäre Teiler von 18, da 3 · 6 = 18.*
4) *4 ist **kein** Teiler von 18, da 18 : 4 = 4 + Rest.*
5) *T_{18} = {1; 2; 3; 6; 9; 18}*
6) *V_3 = {3; 6; 9; 12; 15; 18; 21; 24; 27; 30; 33; 36; ...}*

GRÖSSTER GEMEINSAMER TEILER [ggT]

teilerfremde Zahlen

KLEINSTES GEMEINSAMES VIELFACHES [kgV]

Ist eine Zahl c Teiler von a **und** von b, dann heißt c „gemeinsamer Teiler von a und b". Die größte dieser Zahlen heißt „größter gemeinsamer Teiler von a und b", kurz: ggT (a; b).
Verfahren zur Bestimmung des ggT: s. Seite 12

Besitzen die Zahlen a und b nur die Zahl 1 als gemeinsamen Teiler, dann nennt man sie „teilerfremd". Insbesondere gilt dann: ggT (a; b) = 1. (Beispiel 3)

Ist eine Zahl c Vielfaches von a **und** von b, dann heißt c „gemeinsames Vielfaches von a und b". Die kleinste dieser Zahlen heißt „kleinstes gemeinsames Vielfaches von a und b", kurz: kgV (a; b).
Verfahren zur Bestimmung des kgV: s. Seite 13

Beispiele:
1) *ggT (18; 24) = 6   kgV(18; 24) = 72*
2) *ggT (14; 35) = 7   kgV(14; 35) = 70*
3) *ggT (27; 35) = 1   kgV(27; 35) = 945*
   Die Zahlen 27 und 35 sind teilerfremd.

TEILBARKEITSLEHRE

Zur Teilermenge jeder Zahl gehört die 1 und die Zahl selbst. Hat eine Zahl keine weiteren Teiler, dann heißt sie „Primzahl". Dabei gilt: Die Zahl **1** ist **keine** Primzahl.
Primzahlen haben also genau zwei Teiler. Eine Zahl mit mehr als zwei Teilern heißt „zusammengesetzte Zahl".
Stellt man eine Zahl a als Produkt dar, dessen sämtliche Faktoren Primzahlen sind, so spricht man von der „Primfaktorzerlegung von a".
alle Primzahlen bis 1 601: s. Seite 14
Primfaktorzerlegungen bis 143: s. Seite 15

PRIMZAHLEN

zusammen-gesetzte Zahl

Primfaktor-zerlegung

Eine Zahl ist genau dann teilbar durch
- ❏ 2, wenn ihre letzte Ziffer eine 0, 2, 4, 6 oder 8 ist.
- ❏ 3, wenn ihre Quersumme* durch 3 teilbar ist.
- ❏ 4, wenn ihre letzten beiden Ziffern „00" sind oder wenn die aus den letzten beiden Ziffern gebildete Zahl durch 4 teilbar ist.
- ❏ 5, wenn ihre letzte Ziffer 0 oder 5 ist.
- ❏ 6, wenn sie durch 2 und durch 3 teilbar ist.
- ❏ 9, wenn ihre Quersumme* durch 9 teilbar ist.
- ❏ 12, wenn sie durch 3 und durch 4 teilbar ist.

* Die Quersumme einer Zahl ist die Summe ihrer Ziffern.

TEILBAR DURCH

2
3
4
5
6
9
12

Bei Teilbarkeitsuntersuchungen können die folgenden Regeln hilfreich sein:

1. Sind alle Summanden einer Summe durch eine Zahl a teilbar, so ist auch die Summe durch a teilbar.
2. Ist a Teiler von b und b Teiler von c, so ist a auch Teiler von c.
3. Sind b und c teilerfremde komplementäre Teiler von a, dann gilt: Eine Zahl ist genau dann durch a teilbar, wenn sie durch b und durch c teilbar ist.

Beispiele:
zu 1: 84 = 70 + 14;   7\70 und 7\14;   also: 7\84
zu 2: 35\70 und 70\420; also: 35\420
zu 3: Teilbarkeit durch 6 und 12 (s. o.)

TEILBARKEITS-REGELN

11

TEILBARKEITSLEHRE

BESTIMMUNG DES GRÖSSTEN GEMEINSAMEN TEILERS [ggT]

Soll der ggT zweier Zahlen a und b bestimmt werden, so ist es zweckmäßig, vorab die Fälle A, B und C zu unterscheiden:

A: a ist Teiler von b. Dann gilt: **ggT (a; b) = a**.
Beispiele: ggT (4; 12) = 4   ggT (6; 30) = 6

B: a und b sind teilerfremd. Dann gilt: **ggT (a; b) = 1**.
Beispiele: ggT (7; 12) = 1   ggT (24; 25) = 1

C: a ist kein Teiler von b, a und b sind aber auch nicht teilerfremd. Eines der drei folgenden Verfahren ist zur Bestimmung des ggT geeignet:

Bestimmung des ggT mit der **Teilermenge**

1. Verfahren: Zunächst wird für a die Teilermenge T_a notiert. Beginnend mit dem größten Teiler von a wird dann geprüft, welcher Teiler von a auch Teiler von b ist. Der größte Teiler, auf den dieses zutrifft, ist der größte gemeinsame Teiler von a und b.

Beispiel: ggT (30; 72) = ?
T_{30} = *{1; 2; 3; 5; 6; 10; 15; 30}. Die Zahlen 30, 15 und 10 sind **keine** Teiler von 72, aber 6 ist Teiler von 72. Also gilt: ggT (30; 72) = 6*

Bestimmung des ggT mit der **Primfaktorzerlegung**

2. Verfahren: Die Zahlen a und b werden in Primfaktoren zerlegt. Dann wird das Produkt derjenigen Primfaktoren gebildet, die in **beiden** Primfaktorzerlegungen vorkommen. Dabei ist jeweils die **niedrigste** der auftretenden Primzahlpotenzen zu berücksichtigen.

Beispiel: ggT (30; 72) = ?
30 = 2 · 3 · 5 und 72 = 2^3 · 3^2. Die gemeinsamen Primfaktoren 2 und 3 treten in der Primfaktorzerlegung von 30 nur einmal auf. Also gilt: ggT (30; 72) = 2 · 3 = 6

Bestimmung des ggT mit dem **euklidischen Algorithmus**

3. Verfahren: Für b > a gilt: ggT (a; b) = ggT (a; b – a). Diese Beziehung nutzend, werden Paare immer kleiner werdender Zahlen gebildet, die den gleichen ggT haben wie a und b.

Beispiel: ggT (30; 72) = ?
ggT (30; 72) = ggT (30; 42),   denn 72 – 30 = 42
ggT (30; 42) = ggT (12; 30),   denn 42 – 30 = 12
ggT (12; 30) = ggT (12; 18),   denn 30 – 12 = 18
ggT (12; 18) = ggT (6; 12),   denn 18 – 12 = 6
Also gilt: ggT (30; 72) = ggT (6 ;12).
Wegen ggT (6; 12) = 6 gilt also auch ggT (30; 72) = 6.

TEILBARKEITSLEHRE

Soll das kgV zweier Zahlen a und b bestimmt werden, so ist es zweckmäßig, vorab die Fälle A, B und C zu unterscheiden:

A: a ist Teiler von b. Dann gilt: **kgV (a; b) = b**.
Beispiele: kgV (4; 12) = 12   kgV (6; 30) = 30

B: a und b sind teilerfremd. Dann gilt: **kgV (a; b) = a · b**.
Beispiele: kgV (7; 12) = 84   kgV (24; 25) = 600

C: a ist kein Teiler von b, a und b sind aber auch nicht teilerfremd. Eines der drei folgenden Verfahren ist zur Bestimmung des kgV geeignet:

1. Verfahren: Zunächst wird für die größere der beiden Zahlen die Vielfachenmenge gebildet. Aufgeschrieben werden dabei die Vielfachen so lange, bis man zu einer Zahl kommt, die auch Vielfaches der kleineren Zahl ist.
Beispiel: kgV (30; 72) = ?
V_{72} = *{72; 144; 216; 288; 360; …}. Die Zahlen 72, 144, 216 und 288 sind keine Vielfachen von 30, aber 360 ist Vielfaches von 30. Also gilt: kgV (30; 72) = 360.*

2. Verfahren: Die Zahlen a und b werden in Primfaktoren zerlegt. Dann werden alle Primfaktoren von a, die **keine** Primfaktoren von b sind, mit den Primfaktoren von b multipliziert. Dabei ist jeweils die **höchste** der auftretenden Primzahlpotenzen zu berücksichtigen.
Beispiel: kgV (30; 72) = ?
30 = 2 · 3 · 5 und 72 = $2^3 \cdot 3^2$. Die Zahl 30 hat die Primfaktoren 2, 3 und 5. Die Zahlen 2 und 3 sind auch Primfaktoren von 72, die 5 dagegen nicht. Es ist also das Produkt aus 5 und den Primfaktoren von 72 zu bilden. Also gilt: kgV (30; 72) = $2^3 \cdot 3^2 \cdot 5$ = 360

3. Verfahren: Ist der ggT zweier Zahlen a und b bekannt, dann lässt sich ihr kgV mit Hilfe der Formel kgV (a; b) = $\frac{a \cdot b}{ggT(a; b)}$ berechnen. Insbesondere lässt sich also auch der auf Seite 12 beschriebene euklidische Algorithmus zur Bestimmung des kgV heranziehen.
Beispiel: kgV (30; 72) = ?
Man berechnet z. B. mit Hilfe des euklidischen Algorithmus: ggT (30; 72) = 6. Das Einsetzen in die obige Formel liefert dann: kgV (30; 72) = $\frac{30 \cdot 72}{6}$ = 360.

BESTIMMUNG DES KLEINSTEN GEMEINSAMEN VIELFACHEN [kgV]

Bestimmung des kgV mit der **Vielfachenmenge**

Bestimmung des kgV mit der **Primfaktorzerlegung**

Bestimmung des kgV mit der Formel

kgV (a; b)
$= \frac{a \cdot b}{ggT(a; b)}$

PRIMZAHLTABELLEN

PRIMZAHLEN BIS 1 601

2, 3, 5, 7, 11

...

1 601

2	157	367	599	829	1 087	1 327
3	163	373	601	839	1 091	1 361
5	167	379	607	853	1 093	1 367
7	173	383	613	857	1 097	1 373
11	179	389	617	859	1 103	1 381
13	181	397	619	863	1 109	1 399
17	191	401	631	877	1 117	1 409
19	193	409	641	881	1 123	1 423
23	197	419	643	883	1 129	1 427
29	199	421	647	887	1 151	1 429
31	211	431	653	907	1 153	1 433
37	223	433	659	911	1 163	1 439
41	227	439	661	919	1 171	1 447
43	229	443	673	929	1 181	1 451
47	233	449	677	937	1 187	1 453
53	239	457	683	941	1 193	1 459
59	241	461	691	947	1 201	1 471
61	251	463	701	953	1 213	1 481
67	257	467	709	967	1 217	1 483
71	263	479	719	971	1 223	1 487
73	269	487	727	977	1 229	1 489
79	271	491	733	983	1 231	1 493
83	277	499	739	991	1 237	1 499
89	281	503	743	997	1 249	1 511
97	283	509	751	1 009	1 259	1 523
101	293	521	757	1 013	1 277	1 531
103	307	523	761	1 019	1 279	1 543
107	311	541	769	1 021	1 283	1 549
109	313	547	773	1 031	1 289	1 553
113	317	557	787	1 033	1 291	1 559
127	331	563	797	1 039	1 297	1 567
131	337	569	809	1 049	1 301	1 571
137	347	571	811	1 051	1 303	1 579
139	349	577	821	1 061	1 307	1 583
149	353	587	823	1 063	1 319	1 597
151	359	593	827	1 069	1 321	1 601

PRIMZAHLTABELLEN

$4 = 2^2$	$54 = 2 \cdot 3^3$	$99 = 3^2 \cdot 11$
$6 = 2 \cdot 3$	$55 = 5 \cdot 11$	$100 = 2^2 \cdot 5^2$
$8 = 2^3$	$56 = 2^3 \cdot 7$	$102 = 2 \cdot 3 \cdot 17$
$9 = 3^2$	$57 = 3 \cdot 19$	$104 = 2^3 \cdot 13$
$10 = 2 \cdot 5$	$58 = 2 \cdot 29$	$105 = 3 \cdot 5 \cdot 7$
$12 = 2^2 \cdot 3$	$60 = 2^2 \cdot 3 \cdot 5$	$106 = 2 \cdot 53$
$14 = 2 \cdot 7$	$62 = 2 \cdot 31$	$108 = 2^2 \cdot 3^3$
$15 = 3 \cdot 5$	$63 = 3^2 \cdot 7$	$110 = 2 \cdot 5 \cdot 11$
$16 = 2^4$	$64 = 2^6$	$111 = 3 \cdot 37$
$18 = 2 \cdot 3^2$	$65 = 5 \cdot 13$	$112 = 2^4 \cdot 7$
$20 = 2^2 \cdot 5$	$66 = 2 \cdot 3 \cdot 11$	$114 = 2 \cdot 3 \cdot 19$
$21 = 3 \cdot 7$	$68 = 2^2 \cdot 17$	$115 = 5 \cdot 23$
$22 = 2 \cdot 11$	$69 = 3 \cdot 23$	$116 = 2^2 \cdot 29$
$24 = 2^3 \cdot 3$	$70 = 2 \cdot 5 \cdot 7$	$117 = 3^2 \cdot 13$
$25 = 5^2$	$72 = 2^3 \cdot 3^2$	$118 = 2 \cdot 59$
$26 = 2 \cdot 13$	$74 = 2 \cdot 37$	$119 = 7 \cdot 17$
$27 = 3^3$	$75 = 3 \cdot 5^2$	$120 = 2^3 \cdot 3 \cdot 5$
$28 = 2^2 \cdot 7$	$76 = 2^2 \cdot 19$	$121 = 11^2$
$30 = 2 \cdot 3 \cdot 5$	$77 = 7 \cdot 11$	$122 = 2 \cdot 61$
$32 = 2^5$	$78 = 2 \cdot 3 \cdot 13$	$123 = 3 \cdot 41$
$33 = 3 \cdot 11$	$80 = 2^4 \cdot 5$	$124 = 2^2 \cdot 31$
$34 = 2 \cdot 17$	$81 = 3^4$	$125 = 5^3$
$35 = 5 \cdot 7$	$82 = 2 \cdot 41$	$126 = 2 \cdot 3^2 \cdot 7$
$36 = 2^2 \cdot 3^2$	$84 = 2^2 \cdot 3 \cdot 7$	$128 = 2^7$
$38 = 2 \cdot 19$	$85 = 5 \cdot 17$	$129 = 3 \cdot 43$
$39 = 3 \cdot 13$	$86 = 2 \cdot 43$	$130 = 2 \cdot 5 \cdot 13$
$40 = 2^3 \cdot 5$	$87 = 3 \cdot 29$	$132 = 2^2 \cdot 3 \cdot 11$
$42 = 2 \cdot 3 \cdot 7$	$88 = 2^3 \cdot 11$	$133 = 7 \cdot 19$
$44 = 2^2 \cdot 11$	$90 = 2 \cdot 3^2 \cdot 5$	$134 = 2 \cdot 67$
$45 = 3^2 \cdot 5$	$91 = 7 \cdot 13$	$135 = 3^3 \cdot 5$
$46 = 2 \cdot 23$	$92 = 2^2 \cdot 23$	$136 = 2^3 \cdot 17$
$48 = 2^4 \cdot 3$	$93 = 3 \cdot 31$	$138 = 2 \cdot 3 \cdot 23$
$49 = 7^2$	$94 = 2 \cdot 47$	$140 = 2^2 \cdot 5 \cdot 7$
$50 = 2 \cdot 5^2$	$95 = 5 \cdot 19$	$141 = 3 \cdot 47$
$51 = 3 \cdot 17$	$96 = 2^5 \cdot 3$	$142 = 2 \cdot 71$
$52 = 2^2 \cdot 13$	$98 = 2 \cdot 7^2$	$143 = 11 \cdot 13$

PRIMFAKTORZERLEGUNGEN ALLER ZUSAMMENGESETZTEN ZAHLEN BIS 143

$$4 = 2^2,\ 6 = 2 \cdot 3$$
$$\ldots$$
$$143 = 11 \cdot 13$$

Rechnen mit Brüchen

Bruch

$\frac{a}{b} = a : b$

Ein Bruch besteht aus Zähler, Nenner und Bruchstrich:

$\frac{a \longleftarrow \text{Zähler}}{b \longleftarrow \text{Nenner}}$ Bruchstrich

Der Nenner gibt an, in wie viele **gleich große** Teile ein Ganzes zerlegt wird. Der Zähler gibt an, wie viele dieser Teile berücksichtigt werden.

Der Bruch $\frac{a}{b}$ bedeutet also das a-fache des b-ten Teiles eines Ganzen. Der Bruch $\frac{a}{b}$ kann somit auch als Quotient verstanden werden, dessen Dividend die Zahl a und dessen Divisor die Zahl b ist.

echter Bruch
unechter Bruch

Ist der Zähler kleiner als der Nenner, so spricht man von einem „echten" Bruch. Ist der Zähler größer als der Nenner, spricht man von einem „unechten Bruch".

Stammbruch

Ein Bruch mit dem Zähler 1 heißt „Stammbruch".

natürliche Zahl als Bruch

Jede natürliche Zahl kann man als Bruch mit dem Nenner 1 auffassen: $n = \frac{n}{1}$

Beispiele: $2 = \frac{2}{1}$ $13 = \frac{13}{1}$ $1 = \frac{1}{1}$ $0 = \frac{0}{1}$

Kehrbruch
Kehrwert

Vertauscht man Zähler und Nenner eines Bruches, so erhält man seinen „Kehrbruch" oder „Kehrwert".
Die Zahl 0 hat keinen Kehrbruch.

Beispiele: $\frac{2}{3}$ und $\frac{3}{2}$ $\frac{12}{14}$ und $\frac{14}{12}$ $\frac{1}{7}$ und $\frac{7}{1}$ (= 7)

Kürzen
Erweitern

Dividiert man Zähler und Nenner eines Bruches durch dieselbe Zahl, so spricht man vom „Kürzen".

Beispiele: 1) $\frac{2}{4} = \frac{2:2}{4:2} = \frac{1}{2}$ 2) $\frac{18}{12} = \frac{18:3}{12:3} = \frac{6}{4}$

Multipliziert man Zähler und Nenner eines Bruches mit derselben Zahl, so spricht man vom „Erweitern".

Beispiele: 1) $\frac{1}{2} = \frac{1 \cdot 2}{2 \cdot 2} = \frac{2}{4}$ 2) $\frac{6}{4} = \frac{6 \cdot 3}{4 \cdot 3} = \frac{18}{12}$

Erweitern kann man einen Bruch mit jeder natürlichen Zahl außer 0 und 1. Kürzen kann man einen Bruch dagegen nur durch einen gemeinsamen Teiler von Zähler und Nenner.

vollständig
Kürzen

Ein Bruch ist vollständig gekürzt, wenn Zähler und Nenner teilerfremd sind. Kürzt man einen Bruch durch den ggT von Zähler und Nenner, so hat man ihn vollständig gekürzt.

Rechnen mit Brüchen

Der Hauptnenner zweier Brüche ist das **kleinste gemeinsame Vielfache (kgV)** ihrer Nenner.
Verfahren zur Bestimmung des kgV: s. Seite 13
Zwei Brüche auf ihren Hauptnenner zu erweitern bedeutet, beide Brüche so zu erweitern, dass der Nenner der erweiterten Brüche das kgV der beiden Nenner ist.

Beispiele:

1) $\frac{2}{3}$ und $\frac{5}{6}$; HN = 6; $\frac{2}{3} = \frac{2 \cdot 2}{3 \cdot 2} = \frac{4}{6}$
   erweiterter Bruch: $\frac{4}{6}$ gegebener Bruch: $\frac{5}{6}$

2) $\frac{4}{5}$ und $\frac{3}{7}$; HN = 35; $\frac{4}{5} = \frac{4 \cdot 7}{5 \cdot 7} = \frac{28}{35}$; $\frac{3}{7} = \frac{3 \cdot 5}{7 \cdot 5} = \frac{15}{35}$
   erweiterte Brüche: $\frac{28}{35}$ und $\frac{15}{35}$

3) $\frac{3}{16}$ und $\frac{1}{20}$; HN = 80; $\frac{3}{16} = \frac{3 \cdot 5}{16 \cdot 5} = \frac{15}{80}$; $\frac{1}{20} = \frac{1 \cdot 4}{20 \cdot 4} = \frac{4}{80}$
   erweiterte Brüche: $\frac{15}{80}$ und $\frac{4}{80}$

Hauptnenner HN

Erweitern auf den Hauptnenner

Brüche, die durch Kürzen oder Erweitern auseinander hervorgehen, heißen „gleichwertig". Sie stellen auf dem Zahlenstrahl dieselbe Bruchzahl dar:

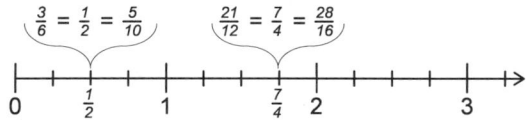

$\frac{3}{6} = \frac{1}{2} = \frac{5}{10}$ $\frac{21}{12} = \frac{7}{4} = \frac{28}{16}$

Beispiele:

1) $\frac{6}{12} = \frac{3}{6} = \frac{15}{30} = \frac{5}{10} = \frac{1}{2}$ 2) $\frac{24}{36} = \frac{8}{12} = \frac{56}{84} = \frac{14}{21} = \frac{2}{3}$

3) $\frac{42}{24} = \frac{21}{12} = \frac{84}{48} = \frac{28}{16} = \frac{7}{4}$ 4) $\frac{50}{80} = \frac{25}{40} = \frac{75}{120} = \frac{15}{24} = \frac{5}{8}$

Kürzt man gleichwertige Brüche vollständig, so erhält man den gleichen Bruch.

Gleichwertige Brüche

Bruchzahl

Brüche mit gleichem Nenner heißen „gleichnamig". Treten verschiedene Nenner auf, so spricht man von „ungleichnamigen" Brüchen.
Von zwei gleichnamigen Brüchen ist derjenige kleiner, der den kleineren Zähler besitzt.

Beispiele: 1) $\frac{3}{7} < \frac{5}{7}$ 2) $\frac{19}{20} < \frac{21}{20}$

Gleichnamige Brüche

ungleichnamige Brüche

17

Rechnen mit Brüchen

Addition und Subtraktion gleichnamiger Brüche

$$\frac{a}{b} + \frac{c}{b} = \frac{a+c}{b}$$

Gleichnamige Brüche werden addiert oder subtrahiert, indem man die Zähler addiert oder subtrahiert und den Nenner beibehält.

Beispiele:

1) $\frac{2}{9} + \frac{5}{9} = \frac{2+5}{9} = \frac{7}{9}$
2) $\frac{14}{19} - \frac{10}{19} = \frac{14-10}{19} = \frac{4}{19}$

Addition und Subtraktion ungleichnamiger Brüche

$$\frac{a}{b} + \frac{c}{d}$$

Um ungleichnamige Brüche zu addieren oder zu subtrahieren, werden diese zunächst auf den Hauptnenner (HN) erweitert und dadurch gleichnamig gemacht.
Erweitern auf den HN: s. Seite 17
Vorab ist es zweckmäßig, drei Fälle zu unterscheiden:

A: Ist ein Nenner Teiler des anderen, dann ist der größere Nenner der HN. (Beispiele 1/2)

B: Sind die Nenner teilerfremd, dann ist der HN das Produkt der Nenner. (Beispiele 3/4)

C: Ist kein Nenner Teiler des anderen, sind die Nenner auch nicht teilerfremd, wird der HN mit einem der auf S. 13 beschriebenen Verfahren ermittelt. (Beispiele 5/6)

Beispiele:

1) $\frac{1}{3} + \frac{4}{9} = \frac{3}{9} + \frac{4}{9} = \frac{7}{9}$
2) $\frac{3}{4} - \frac{3}{16} = \frac{12}{16} - \frac{3}{16} = \frac{9}{16}$
3) $\frac{1}{7} + \frac{1}{6} = \frac{6}{42} + \frac{7}{42} = \frac{13}{42}$
4) $\frac{5}{8} - \frac{1}{3} = \frac{15}{24} - \frac{8}{24} = \frac{7}{24}$
5) $\frac{1}{12} + \frac{4}{9} = \frac{3}{36} + \frac{16}{36} = \frac{19}{36}$
6) $\frac{1}{15} - \frac{1}{18} = \frac{6}{90} - \frac{5}{90} = \frac{1}{90}$

Gemischte Zahlen

$$7\frac{2}{3} = 7 + \frac{2}{3}$$

Die Summe aus einer natürlichen Zahl und einem echten Bruch schreibt man als gemischte Zahl oder als unechten Bruch.

❏ **Gemischte Zahl:** Der Bruch wird direkt hinter die natürliche Zahl gesetzt, das Pluszeichen fällt also weg.

❏ **Unechter Bruch:** Die natürliche Zahl wird als Bruch mit dem Nenner 1 geschrieben und auf den Nenner des gegebenen Bruches erweitert. Die damit gleichnamig gemachten Brüche werden dann addiert.

Beispiel: $7\frac{2}{3} = 7 + \frac{2}{3} = \frac{7}{1} + \frac{2}{3} = \frac{21}{3} + \frac{2}{3} = \frac{23}{3}$

Rechnen mit Brüchen

Multiplikation von Brüchen

Zwei Brüche werden multipliziert, indem Zähler mit Zähler und Nenner mit Nenner multipliziert wird.
- Ist ein Faktor eine natürliche Zahl, so wird diese als Bruch mit dem Nenner 1 geschrieben. (Beispiel 2)
- Ist ein Faktor eine gemischte Zahl, so wird diese vorab in einen unechten Bruch verwandelt. (Beispiel 3)

$$\frac{a}{b} \cdot \frac{c}{d} = \frac{a \cdot c}{b \cdot d}$$

Beispiele:

1) $\frac{2}{3} \cdot \frac{4}{5} = \frac{2 \cdot 4}{3 \cdot 5} = \frac{8}{15}$
2) $6 \cdot \frac{2}{5} = \frac{6}{1} \cdot \frac{2}{5} = \frac{6 \cdot 2}{1 \cdot 5} = \frac{12}{5}$
3) $\frac{3}{5} \cdot 5\frac{3}{4} = \frac{3}{5} \cdot \frac{23}{4} = \frac{3 \cdot 23}{5 \cdot 4} = \frac{69}{20}$

Kürzen vor dem Multiplizieren

Enthalten die Zähler- und Nennerprodukte gleiche Faktoren bzw. die Faktoren gemeinsame Teiler, so werden diese **vor** dem Ausmultiplizieren gekürzt.

Beispiele:

1) $\frac{1}{2} \cdot \frac{2}{3} = \frac{1 \cdot \cancel{2}^{1}}{{}_{1}\cancel{2} \cdot 3} = \frac{1 \cdot 1}{1 \cdot 3} = \frac{1}{3}$
2) $\frac{3}{4} \cdot \frac{2}{5} = \frac{3 \cdot \cancel{2}^{1}}{{}_{2}\cancel{4} \cdot 5} = \frac{3 \cdot 1}{2 \cdot 5} = \frac{3}{10}$
3) $\frac{4}{9} \cdot \frac{15}{8} = \frac{\cancel{4} \cdot \cancel{15}^{5}}{{}_{3}\cancel{9} \cdot \cancel{8}_{2}} = \frac{1 \cdot 5}{3 \cdot 2} = \frac{5}{6}$

Division von Brüchen

Man dividiert durch einen Bruch, indem man mit seinem Kehrbruch multipliziert.
- Ist der Divisor eine natürliche Zahl, so stellt man sie als Bruch mit dem Nenner 1 dar: Der Kehrbruch einer natürlichen Zahl ist ein Stammbruch und umgekehrt. (Beispiel 2)
- Ist der Divisor eine gemischte Zahl, so wandelt man sie vorab in einen unechten Bruch um: Der Kehrbruch eines unechten Bruches ist ein echter Bruch und umgekehrt. (Beispiel 3)

$$\frac{a}{b} : \frac{c}{d} = \frac{a}{b} \cdot \frac{d}{c}$$

Beispiele:

1) $\frac{2}{5} : \frac{3}{4} = \frac{2}{5} \cdot \frac{4}{3} = \frac{2 \cdot 4}{5 \cdot 3} = \frac{8}{15}$
2) $\frac{1}{7} : 6 = \frac{1}{7} : \frac{6}{1} = \frac{1}{7} \cdot \frac{1}{6} = \frac{1 \cdot 1}{7 \cdot 6} = \frac{1}{42}$
3) $\frac{3}{5} : 5\frac{3}{4} = \frac{3}{5} : \frac{23}{4} = \frac{3}{5} \cdot \frac{4}{23} = \frac{3 \cdot 4}{5 \cdot 23} = \frac{12}{115}$

Rechnen mit Dezimalbrüchen

Dezimalzahl
Dezimalbruch

Zehnerbruch

Brüche, deren Nenner eine Potenz von 10 ist, bezeichnet man als „Zehnerbrüche". Für Zehnerbrüche ist auch die Schreibweise als Dezimalzahlen geläufig.

Beispiele: **1)** $\frac{3}{10} = 0{,}3$ **2)** $\frac{191}{1\,000} = 0{,}191$

3) $7\frac{55}{100} = 7{,}55$ **4)** $\frac{34}{10} = 3\frac{4}{10} = 3{,}4$

5) $\frac{7}{1\,000} = 0{,}007$ **6)** $1\frac{3}{100} = 1{,}03$

Dezimalen

endliche Dezimalzahl

endlicher Dezimalbruch

abbrechender Dezimalbruch

Die Stellen hinter dem Komma heißen „Dezimalen". Treten nur endlich viele Dezimalen auf, so spricht man von einer „endlichen Dezimalzahl", einem „endlichen" oder „abbrechenden" Dezimalbruch.

Man kann genau die Brüche als abbrechende Dezimalzahlen schreiben, die sich durch Kürzen und/oder Erweitern in Zehnerbrüche überführen lassen. Solche Brüche erkennt man daran, dass nach vollständigem Kürzen der Nenner nur die Primfaktoren 2 und/oder 5 enthält.

Beispiele: **1)** $\frac{3}{5} = \frac{6}{10} = 0{,}6$ **2)** $\frac{41}{40} = \frac{1\,025}{1\,000} = 1{,}025$

3) $\frac{42}{30} = \frac{14}{10} = 1{,}4$ **4)** $\frac{66}{15} = \frac{22}{5} = \frac{44}{10} = 4{,}4$

Addition und Subtraktion von Dezimalzahlen

$a + b$

$a - b$

Bei der schriftlichen Addition und Subtraktion ist besonders auf das stellengerechte Untereinanderschreiben der Zahlen zu achten:

| Komma unter Komma |

Die eigentlichen Rechenverfahren entsprechen denen der natürlichen Zahlen. Hat der Minuend weniger Dezimalen als der Subtrahend, so kann der Minuend mit Nullen „aufgefüllt" werden. (Beispiel 4)

Beispiele: **1)** $14{,}372 + 15{,}904$ **2)** $243{,}6801 + 59{,}77$

```
   14,372            243,6801
 + 15,904           + 59,77
   ──────            ────────
   30,276            303,4501
```

3) $26{,}3041 - 19{,}907$ **4)** $17{,}34 - 9{,}56331$

```
   26,3041           17,34000
 - 19,907          -  9,56331
   ──────           ────────
    6,3971           7,77669
```

20

Rechnen mit Dezimalbrüchen

Multiplikation und Division von Dezimalzahlen

Die Multiplikation und Division mit Zehnerpotenzen erfolgt durch Kommaverschiebung.

Zehnerpotenzen

Beispiele:
1) 1,823 · 100 = 182,3
2) 1,823 : 100 = 0,01823
3) 1,823 · 0,01 = 0,01823
4) 1,823 : 0,01 = 182,3

Multiplikation

Treten keine Zehnerpotenzen auf, verfährt man bei der Multiplikation zunächst wie bei der Multiplikation natürlicher Zahlen. Bei der abschließenden Kommasetzung ist dann darauf zu achten, dass das Produkt genauso viele Dezimalen hat wie **beide** Faktoren zusammen.

$a \cdot b$

Beispiele:
1) 1,74 · 3 = 5,22   denn: 174 · 3 = 522
2) 1,745 · 3,1 = 5,4095 denn: 1 745 · 31 = 54 095

Division

Bei der Division einer Dezimalzahl durch eine natürliche Zahl verfährt man zunächst wie bei der Division natürlicher Zahlen. Dabei wird im Quotienten das Komma gesetzt, sobald das Komma im Dividenden überschritten wird (Beispiele 1 und 2). Ist der Divisor eine Dezimalzahl, dann wird zuerst der Divisor durch Multiplikation von Dividend **und** Divisor mit einer geeigneten Zehnerpotenz in eine natürliche Zahl überführt (Beispiele 3 und 4).

… durch eine natürliche Zahl

… durch eine Dezimalzahl

$a : b$

Beispiele:
1) 73,2 : 4 = 18,3   denn: 732 : 4 = 183
2) 2,72 : 17 = 0,16   denn: 272 : 17 = 16
3) 7,32 : 0,4 = 73,2 : 4 = 18,3
4) 0,0272 : 0,17 = 2,72 : 17 = 0,16

Periodische Dezimalzahlen

Dividiert man den Zähler eines Bruches durch den Nenner, so kann zweierlei passieren:
- Die Division geht auf. In diesem Fall lässt sich der Bruch als endliche Dezimalzahl schreiben.
- Die Division geht **nicht** auf. In diesem Fall wiederholt sich eine Ziffernfolge („Periode") unendlich oft. Dies drückt man dadurch aus, dass man die erste Periode hinter dem Komma mit einer Linie überstreicht.

Beispiele:
1) $\frac{1}{3} = 0{,}333\ldots = 0{,}\overline{3}$ 2) $\frac{19}{44} = 0{,}43181818\ldots = 0{,}43\overline{18}$

RECHNEN MIT RATIONALEN ZAHLEN

RATIONALE ZAHLEN

Zahlengerade

positive Zahlen
negative Zahlen
Menge ℚ

ganze Zahlen
Menge ℤ

Vorzeichen

Den Zahlenstrahl kann man durch Spiegelung am Nullpunkt zur „Zahlengeraden" erweitern.

$$-1,5 \longleftrightarrow 1,5$$

$$-4\ -3\ -2\ -1\ 0\ 1\ 2\ 3\ 4$$

Die Zahlen rechts vom Nullpunkt heißen „positive Zahlen", die Zahlen links davon „negative Zahlen". Sie alle bilden zusammen mit der Null die Menge ℚ der „rationalen Zahlen". Sie können als Bruch- oder als Dezimalzahlen geschrieben werden.

Die von Null verschiedenen natürlichen Zahlen nennt man auch „positive ganze Zahlen", ihre Spiegelzahlen „negative ganze Zahlen". Sie bilden zusammen mit der Null die Menge ℤ der „ganzen Zahlen".

Die negativen Zahlen schreibt man mit denselben Zahlzeichen wie ihre positiven Spiegelzahlen und setzt zusätzlich das Minuszeichen davor. Vor positive Zahlen **kann** man das Pluszeichen setzen. Minus- und Pluszeichen heißen in diesen Fällen „Vorzeichen".

GEGENZAHL

$-a$

Spiegelt man eine Zahl a am Nullpunkt, so erhält man ihre „Gegenzahl $-a$". Ist a positiv, so ist $-a$ negativ. Ist a negativ, so ist $-a$ positiv. Die Gegenzahl von 0 ist 0.

Beispiele: **1)** $a = 2$ $-a = -2$ **2)** $a = -2$ $-a = 2$
3) $a = 1,3$ $-a = -1,3$ **4)** $a = -\frac{1}{4}$ $-a = \frac{1}{4}$

BETRAG

$|a|$

Rechnen mit Beträgen

$|a|$ (gelesen: „Betrag von a") ist der Abstand einer Zahl a vom Nullpunkt. Eine Zahl und ihre Gegenzahl haben den gleichen Betrag. Ist a positiv, so ist $|a| = a$. Ist a negativ, so ist $|a| = -a$. Der Betrag von 0 ist 0.

Beispiele: **1)** $|7| = 7$ **2)** $|-7| = -(-7) = 7$ **3)** $|0| = 0$

Der Betrag einer rationalen Zahl ist positiv oder 0. Für das Rechnen mit Beträgen gelten also die auf den Seiten 16 bis 21 formulierten Regeln – je nachdem, ob die rationalen Zahlen als Bruch- oder Dezimalzahlen geschrieben sind.

Rechnen mit rationalen Zahlen

Addition von rationalen Zahlen

$a + b$

Zwei rationale Zahlen mit **gleichen Vorzeichen** werden addiert, indem man ihre Beträge addiert und das gemeinsame Vorzeichen setzt. (Beispiele 1 und 2)
Zwei rationale Zahlen mit **verschiedenen Vorzeichen** werden addiert, indem man den kleineren Betrag vom größeren subtrahiert und das Vorzeichen der Zahl setzt, die den größeren Betrag hat. (Beispiele 3 und 4)

Beispiele:
1) $9 + 6 = 15$
2) $-9 + (-6) = -15$
3) $9 + (-6) = 3$
4) $-9 + 6 = -3$

Subtraktion von rationalen Zahlen

$a - b = a + (-b)$

Eine rationale Zahl wird subtrahiert, indem man ihre Gegenzahl addiert.

Beispiele:
1) $9 - 6 = 9 + (-6) = 3$
2) $-9 - (-6) = -9 + 6 = -3$
3) $9 - (-6) = 9 + 6 = 15$
4) $-9 - 6 = -9 + (-6) = -15$

Multiplikation von rationalen Zahlen

$a \cdot b$

Vorzeichenregel zwei Faktoren

Vorzeichenregel mehrere Faktoren

Zwei rationale Zahlen werden multipliziert, indem man zunächst ihre Beträge multipliziert. Das Produkt ist positiv, wenn beide Faktoren das gleiche Vorzeichen haben (Beispiele 1 und 2). Das Produkt ist negativ, wenn die Vorzeichen verschieden sind (Beispiele 3 und 4).

Beispiele:
1) $9 \cdot 6 = 54$
2) $-9 \cdot (-6) = 54$
3) $9 \cdot (-6) = -54$
4) $-9 \cdot 6 = -54$

Sind alle Faktoren von 0 verschieden, gilt für ein Produkt aus mehreren Faktoren: Ist die Anzahl negativer Faktoren ungerade, dann ist das Produkt negativ. Ansonsten ist es positiv.

Division von rationalen Zahlen

$a : b = a \cdot \dfrac{1}{b}$

Durch eine rationale Zahl wird dividiert, indem man mit ihrem Kehrwert multipliziert. (Kehrwert: s. Seite 16)

Beispiele:
1) $9 : 6 = 9 \cdot \dfrac{1}{6} = \dfrac{3}{2}$
2) $-9 : (-6) = -9 \cdot \left(-\dfrac{1}{6}\right) = \dfrac{3}{2}$
3) $9 : (-6) = 9 \cdot \left(-\dfrac{1}{6}\right) = -\dfrac{3}{2}$
4) $-9 : 6 = -9 \cdot \dfrac{1}{6} = -\dfrac{3}{2}$

Rechnen mit Quadratwurzeln

Quadratwurzel

$\sqrt{a}$

Wurzel

Radikand

Radizieren

Ist a eine nicht negative reelle Zahl, dann bezeichnet man mit $\sqrt{a}$ diejenige **nicht negative** Zahl, deren Quadrat gleich a ist: $(\sqrt{a})^2 = a$
$\sqrt{a}$ heißt „Quadratwurzel aus a" oder kurz „Wurzel a".
a heißt „Radikand".

Quadratwurzeln können rationale Zahlen (Beispiele: erste Zeile) oder irrationale Zahlen (Beispiele: zweite Zeile) sein. Als irrationale Zahlen lassen sich Quadratwurzeln nur näherungsweise berechnen. Das Berechnen von Quadratwurzeln nennt man auch „Radizieren".

Beispiele:

$\sqrt{4} = 2$ $\qquad \sqrt{0{,}25} = 0{,}5 \qquad \sqrt{\frac{4}{9}} = \frac{2}{3}$

$\sqrt{2} = 1{,}4142\ldots \quad \sqrt{2{,}5} = 1{,}5811\ldots \quad \sqrt{3} = 1{,}7320\ldots$

Wurzeln aus Quadraten

Die Wurzel aus dem Quadrat von a ist |a|: $\sqrt{a^2} = |a|$

Beispiele:

$\sqrt{2^2} = |2| = 2 \qquad \sqrt{(-2)^2} = |-2| = 2$

Zusammenfassen von Wurzeln mit gleichen Radikanden

Sind in einer Summe die Summanden Produkte aus Zahlen und Quadratwurzeln, so lässt sich bei **gleichen** Radikanden die Summe vereinfacht schreiben.

Beispiele:

1) $2\sqrt{5} + 6\sqrt{5} = (2 + 6)\sqrt{5} = 8\sqrt{5}$
2) $3\sqrt{7} + 4\sqrt{6} + \sqrt{6} - \sqrt{7} = (3-1)\sqrt{7} + (4+1)\sqrt{6}$
   $= 2\sqrt{7} + 5\sqrt{6}$

Multiplikation und Division

Quadratwurzeln werden multipliziert oder dividiert, indem man die Radikanden multipliziert oder dividiert:

$\sqrt{a} \cdot \sqrt{b} = \sqrt{a \cdot b} \qquad \frac{\sqrt{a}}{\sqrt{b}} = \sqrt{\frac{a}{b}}$ für $b \neq 0$

Beispiele:

1) $\sqrt{2} \cdot \sqrt{6} = \sqrt{2 \cdot 6} = \sqrt{12} \qquad$ 2) $\frac{\sqrt{12}}{\sqrt{6}} = \sqrt{\frac{12}{6}} = \sqrt{2}$

Rechnen mit Quadratwurzeln

Lässt sich der Radikand als Produkt aus einer Quadratzahl und einer anderen Zahl darstellen, so kann die Wurzel vereinfacht geschrieben werden nach der Regel: $\sqrt{b^2 c} = \sqrt{b^2} \cdot \sqrt{c} = |b| \sqrt{c}$. Dabei spricht man vom „teilweisen Radizieren" oder „partiellen Wurzelziehen".

TEILWEISES RADIZIEREN

PARTIELLES WURZELZIEHEN

Beispiele:
1) $\sqrt{12} = \sqrt{4 \cdot 3} = \sqrt{4} \cdot \sqrt{3} = 2\sqrt{3}$
2) $\sqrt{\frac{27}{4}} = \sqrt{\frac{9}{4} \cdot 3} = \sqrt{\frac{9}{4}} \cdot \sqrt{3} = \frac{3}{2}\sqrt{3}$
3) $\sqrt{0{,}54} = \sqrt{0{,}09 \cdot 6} = \sqrt{0{,}09} \cdot \sqrt{6} = 0{,}3\sqrt{6}$

Enthält der Nenner irrationale Wurzeln, so lassen sich diese unter Umständen durch geschicktes Erweitern beseitigen. Da der Nenner des erweiterten Bruches dann rational ist, spricht man vom „Rationalisieren des Nenners". Es sind zwei wichtige Fälle zu unterscheiden:

NENNER RATIONALISIEREN

- Der Nenner enthält **eine** irrationale Wurzel. In diesem Fall ist mit einer zweiten irrationalen Wurzel so zu erweitern, dass nach dem Erweitern und Zusammenfassen der Radikand des Nenners das Quadrat einer rationalen Zahl ist. (Beispiele 1 und 2)
- Der Nenner ist eine **Summe oder Differenz** mit einer oder zwei irrationalen Wurzeln. In diesem Fall ist mit Hilfe der 3. binomischen Formel so zu erweitern, dass nach dem Erweitern und Zusammenfassen im Nenner eine rationale Zahl steht. (Beispiele 3 und 4)

Beispiele:
1) $\frac{3}{\sqrt{3}} = \frac{3 \cdot \sqrt{3}}{\sqrt{3} \cdot \sqrt{3}} = \frac{3\sqrt{3}}{\sqrt{9}} = \frac{3\sqrt{3}}{3} = \sqrt{3}$
2) $\frac{\sqrt{5}}{\sqrt{8}} = \frac{\sqrt{5} \cdot \sqrt{2}}{\sqrt{8} \cdot \sqrt{2}} = \frac{\sqrt{10}}{\sqrt{16}} = \frac{\sqrt{10}}{4} = \frac{1}{4}\sqrt{10}$
3) $\frac{2}{2+\sqrt{3}} = \frac{2(2-\sqrt{3})}{(2+\sqrt{3})(2-\sqrt{3})} = \frac{2(2-\sqrt{3})}{4-3} = \frac{2(2-\sqrt{3})}{1}$
$= 4 - 2\sqrt{3}$
4) $\frac{\sqrt{3}}{\sqrt{2}-\sqrt{3}} = \frac{\sqrt{3}(\sqrt{2}+\sqrt{3})}{(\sqrt{2}-\sqrt{3})(\sqrt{2}+\sqrt{3})} = \frac{\sqrt{3}(\sqrt{2}+\sqrt{3})}{2-3}$
$= \frac{\sqrt{3}(\sqrt{2}+\sqrt{3})}{-1} = -\sqrt{6} - 3$

Rechnen mit Potenzen

Potenzen

... mit natürlichen Exponenten

Ist n eine natürliche Zahl größer als 1 und a eine reelle Zahl, so ist die Potenz a^n definiert als Abkürzung für die n-fach wiederholte Multiplikation mit dem Faktor a:

$$a^n = \underbrace{a \cdot a \cdot a \cdot \ldots \cdot a \cdot a \cdot a}_{n\text{ - mal}}$$

Außerdem wird festgelegt: $a^1 = a$ $\quad b^0 = 1$; $b \neq 0$

... mit ganzzahligen Exponenten

Der Potenzbegriff lässt sich auf alle ganzzahligen Exponenten erweitern, indem für jede natürliche Zahl $n \neq 0$ definiert wird: $\quad a^{-n} = \frac{1}{a^n}$; $a \neq 0$

... mit rationalen Exponenten

n-te Wurzel

Für alle natürlichen Zahlen $n \neq 0$ und alle reellen Zahlen $a \geq 0$ ist $a^{\frac{1}{n}}$ definiert als diejenige nicht negative Zahl, deren n-te Potenz gleich a ist: $(a^{\frac{1}{n}})^n = a$. Für $a^{\frac{1}{n}}$ schreibt man auch $\sqrt[n]{a}$, gelesen „n-te Wurzel aus a".

Für alle positiven reellen Zahlen a und alle $p \in \mathbb{Q}$, $m \in \mathbb{Z}$ und $n \in \mathbb{N}^*$ mit $p = \frac{m}{n}$ wird schließlich festgelegt:

$$a^p = a^{\frac{m}{n}} = \sqrt[n]{a^m} = \left(\sqrt[n]{a}\right)^m$$

Beispiele:

1) $3 \cdot 3 \cdot 3 \cdot 3 = 3^4 = 81$ $\quad$ 2) $3^1 = 3$ $\quad$ 3) $3^0 = 1$
4) $3^{-4} = \frac{1}{3^4} = \frac{1}{81}$ $\quad$ 5) $3^{-1} = \frac{1}{3^1} = \frac{1}{3}$
6) $3^{\frac{1}{2}} = \sqrt[2]{3^1} = \sqrt{3}$ $\quad$ 7) $3^{\frac{4}{5}} = \sqrt[5]{3^4} = \sqrt[5]{81}$

Multiplikation und Division von Potenzen mit gleichen Exponenten

$a^p \cdot b^p$

$\frac{a^p}{b^p}$

Potenzen mit verschiedener Basis und gleichen Exponenten werden multipliziert oder dividiert, indem man die Basen multipliziert (Beispiele 1 und 2) oder dividiert (Beispiele 3 und 4) und den Exponenten beibehält:

$$a^p \cdot b^p = (a \cdot b)^p \qquad \frac{a^p}{b^p} = \left(\frac{a}{b}\right)^p; b \neq 0$$

Beispiele:

1) $3^3 \cdot 2^3 = (3 \cdot 2)^3 = 6^3 = 216$
2) $3^{-3} \cdot 2^{-3} = (3 \cdot 2)^{-3} = 6^{-3} = \frac{1}{6^3} = \frac{1}{216}$
3) $\frac{3^3}{2^3} = \left(\frac{3}{2}\right)^3 = \frac{27}{8}$ $\quad$ 4) $\frac{3^{-3}}{2^{-3}} = \left(\frac{3}{2}\right)^{-3} = \left(\frac{2}{3}\right)^3 = \frac{8}{27}$

RECHNEN MIT POTENZEN

Potenzen mit gleicher Basis werden multipliziert, indem man die Exponenten addiert und die Basis beibehält:

$$a^p \cdot a^q = a^{p+q}$$

Beispiele:

1) $3^3 \cdot 3^2 = 3^{3+2} = 3^5 = 243$
2) $3^{-3} \cdot 3^2 = 3^{-3+2} = 3^{-1} = \frac{1}{3^1} = \frac{1}{3}$
3) $\sqrt{3} \cdot \sqrt[3]{3} = 3^{\frac{1}{2}} \cdot 3^{\frac{1}{3}} = 3^{\frac{1}{2}+\frac{1}{3}} = 3^{\frac{5}{6}} = \sqrt[6]{3^5}$
4) $\sqrt[4]{3^3} \cdot \sqrt[3]{3^2} = 3^{\frac{3}{4}} \cdot 3^{\frac{2}{3}} = 3^{\frac{3}{4}+\frac{2}{3}} = 3^{\frac{17}{12}} = \sqrt[12]{3^{17}}$

MULTIPLIKATION VON POTENZEN MIT GLEICHER BASIS

$a^p \cdot a^q$

Potenzen mit gleicher Basis werden dividiert, indem man die Exponenten subtrahiert und die Basis beibehält:

$$a^p : a^q = a^{p-q}$$

Beispiele:

1) $3^3 : 3^2 = 3^{3-2} = 3^1 = 3$
2) $3^{-3} : 3^2 = 3^{-3-2} = 3^{-5} = \frac{1}{3^5} = \frac{1}{243}$
3) $\sqrt{3} : \sqrt[3]{3} = 3^{\frac{1}{2}} : 3^{\frac{1}{3}} = 3^{\frac{1}{2}-\frac{1}{3}} = 3^{\frac{1}{6}} = \sqrt[6]{3}$
4) $\sqrt[4]{3^3} : \sqrt[3]{3^2} = 3^{\frac{3}{4}} : 3^{\frac{2}{3}} = 3^{\frac{3}{4}-\frac{2}{3}} = 3^{\frac{1}{12}} = \sqrt[12]{3}$

DIVISION VON POTENZEN MIT GLEICHER BASIS

$a^p : a^q$

Potenzen werden potenziert, indem man die Exponenten multipliziert:

$$(a^p)^q = a^{p \cdot q}$$

Beispiele:

1) $\left(3^2\right)^3 = 3^{2 \cdot 3} = 3^6 = 729$
2) $\left(3^2\right)^{-3} = 3^{2 \cdot (-3)} = 3^{-6} = \frac{1}{3^6} = \frac{1}{729}$
3) $\left(\sqrt[3]{3}\right)^6 = \left(3^{\frac{1}{3}}\right)^6 = 3^{\frac{1}{3} \cdot 6} = 3^2 = 9$
4) $\left(\sqrt[4]{3^3}\right)^2 = \left(3^{\frac{3}{4}}\right)^2 = 3^{\frac{3}{4} \cdot 2} = 3^{\frac{3}{2}} = \sqrt{3^3}$

POTENZIEREN VON POTENZEN

$(a^p)^q$

Rechnen mit Logarithmen

Logarithmen

Basis
Logarithmus
$\log_a b$

Ist a eine positive reelle Zahl ungleich 1 und b eine positive reelle Zahl, so ist der „Logarithmus von b zur Basis a" (geschrieben: $\log_a b$) diejenige reelle Zahl, mit der man a potenzieren muss, um b zu erhalten:

$$a^{\log_a b} = b$$

Aus der Definition lassen sich folgende Sätze herleiten:
- $\log_a a^c = c$, denn $a^c = a^c$
- $\log_a a = 1$, denn $a^1 = a$
- $\log_a 1 = 0$, denn $a^0 = 1$

lg
ln

Logarithmen zur Basis 10 werden vereinbarungsgemäß mit dem Zeichen „lg" geschrieben, Logarithmen zur Basis e (Eulersche Zahl e = 2,718...) mit dem Zeichen „ln":

$$\log_{10} b = \lg b \qquad \log_e b = \ln b$$

Beispiele:
1) $\log_2 8 = 3$, denn $2^3 = 8$
2) $\log_2 \frac{1}{8} = -3$, denn $2^{-3} = \frac{1}{8}$
3) $\log_{0,5} 8 = -3$, denn $0,5^{-3} = \left(\frac{1}{2}\right)^{-3} = 8$
4) $\log_{0,5} \frac{1}{8} = 3$, denn $0,5^3 = \left(\frac{1}{2}\right)^3 = \frac{1}{8}$
5) $\log_2 2^3 = 3$ 6) $\log_2 2 = 1$ 7) $\log_2 1 = 0$
8) $\lg 100 = \lg 10^2 = 2$ 9) $\ln e^5 = 5$

Basiswechsel

Sind a_1 und a_2 positive reelle Zahlen ungleich 1 und ist b eine positive reelle Zahl, so lässt sich ein Logarithmus zur Basis a_2 folgendermaßen als Logarithmus zur Basis a_1 schreiben („Basiswechsel"):

$$\log_{a_2} b = \frac{\log_{a_1} b}{\log_{a_1} a_2} \quad \text{(Beispiel 1)}$$

Diese Beziehung ist insbesondere zur näherungsweisen Berechnung von Logarithmen zu einer beliebigen Basis mit dem Taschenrechner nützlich. Es gilt nämlich speziell: $\log_a b = \frac{\lg b}{\lg a}$ (Beispiel 2).

Beispiele:
1) $\log_{64} 16 = \frac{\log_2 16}{\log_2 64} = \frac{4}{6} = \frac{2}{3}$
2) $\log_2 3 = \frac{\lg 3}{\lg 2} = \frac{0,4771...}{0,3010...} \approx 1,5850$

Rechnen mit Logarithmen

Sind r und s positive reelle Zahlen, so gilt: Der Logarithmus des Produktes r · s ist gleich der Summe der Logarithmen der beiden Faktoren r und s:

$$\log_a (r \cdot s) = \log_a r + \log_a s$$

Beispiele:
1) $\log_2 (4 \cdot 7) = \log_2 4 + \log_2 7 = 2 + \log_2 7$
2) $\log_2 (0{,}5 \cdot 7) = \log_2 0{,}5 + \log_2 7 = -1 + \log_2 7$
3) $\lg 70 = \lg (10 \cdot 7) = \lg 10 + \lg 7 = 1 + \lg 7$
4) $\lg 700 = \lg (100 \cdot 7) = \lg 100 + \lg 7 = 2 + \lg 7$
5) $\lg 0{,}7 = \lg (0{,}1 \cdot 7) = \lg 0{,}1 + \lg 7 = -1 + \lg 7$

Logarithmen von Produkten

$\log_a (r \cdot s)$

Sind r und s positive reelle Zahlen, so gilt: Der Logarithmus des Quotienten $\frac{r}{s}$ ist gleich der Differenz der Logarithmen von Zähler r und Nenner s:

$$\log_a \frac{r}{s} = \log_a r - \log_a s$$

Beispiele:
1) $\log_2 \frac{4}{7} = \log_2 4 - \log_2 7 = 2 - \log_2 7$
2) $\log_2 \frac{7}{4} = \log_2 7 - \log_2 4 = \log_2 7 - 2$
3) $\lg \frac{1}{7} = \lg 1 - \lg 7 = 0 - \lg 7 = -\lg 7$
4) $\log_a \frac{1}{c} = \log_a 1 - \log_a c = 0 - \log_a c = -\log_a c$

Logarithmen von Quotienten

$\log_a \frac{r}{s}$

Ist u eine positive reelle Zahl und v eine reelle Zahl, so gilt: Der Logarithmus einer Potenz u^v ist gleich dem Produkt aus dem Exponenten v mit dem Logarithmus der Basis u:

$$\log_a (u^v) = v \cdot \log_a u$$

Beispiele:
1) $\log_2 (4^7) = 7 \cdot \log_2 4 = 7 \cdot 2 = 14$
2) $\log_2 (7^4) = 4 \cdot \log_2 7$
3) $\lg \sqrt{2} = \lg (2^{\frac{1}{2}}) = \frac{1}{2} \cdot \lg 2$
4) $\log_a \sqrt[n]{c} = \log_a (c^{\frac{1}{n}}) = \frac{1}{n} \cdot \log_a c$

Logarithmen von Potenzen

$\log_a (u^v)$

ZAHLSYSTEME

DEZIMALSYSTEM, ZEHNERSYSTEM

Basis: 10

Stufenzahlen: Potenzen von 10

Ziffern: 0, 1, 2, 3, 4, 5, 6, 7, 8, 9

Das Dezimalsystem (Zehnersystem) ist das Stellenwertsystem mit der Basis 10. Es ist unser gebräuchliches Zahlsystem. Mithilfe der **Ziffern 0, 1, 2, 3, 4, 5, 6, 7, 8 und 9** und der **Potenzen von 10** („Stufenzahlen") lässt sich jede Zahl darstellen.

Beispiele:

$30 = 3 \cdot 10 + 0 \cdot 1$
$= 3 \cdot 10^1 + 0 \cdot 10^0$

$32 = 3 \cdot 10 + 2 \cdot 1$
$= 3 \cdot 10^1 + 2 \cdot 10^0$

$302 = 3 \cdot 100 + 0 \cdot 10 + 2 \cdot 1$
$= 3 \cdot 10^2 + 0 \cdot 10^1 + 2 \cdot 10^0$

$2\,030 = 2 \cdot 1\,000 + 0 \cdot 100 + 3 \cdot 10 + 0 \cdot 1$
$= 2 \cdot 10^3 + 0 \cdot 10^2 + 3 \cdot 10^1 + 0 \cdot 10^0$

$32\,203 = 3 \cdot 10\,000 + 2 \cdot 1\,000 + 2 \cdot 100 + 0 \cdot 10 + 3 \cdot 1$
$= 3 \cdot 10^4 + 2 \cdot 10^3 + 2 \cdot 10^2 + 0 \cdot 10^1 + 3 \cdot 10^0$

Im Dezimalsystem haben viele Stufenzahlen besondere Namen. Die ersten 19 Stufenzahlen sind:

1	$= 10^0$	**Eins**
10	$= 10^1$	**Zehn**
100	$= 10^2$	**Hundert**
1 000	$= 10^3$	**Tausend**
10 000	$= 10^4$	**Zehntausend**
100 000	$= 10^5$	**Hunderttausend**
1 000 000	$= 10^6$	**1 Million**
10 000 000	$= 10^7$	**10 Millionen**
100 000 000	$= 10^8$	**100 Millionen**
1 000 000 000	$= 10^9$	**1 Milliarde**
10 000 000 000	$= 10^{10}$	**10 Milliarden**
100 000 000 000	$= 10^{11}$	**100 Milliarden**
1 000 000 000 000	$= 10^{12}$	**1 Billion**
10 000 000 000 000	$= 10^{13}$	**10 Billionen**
100 000 000 000 000	$= 10^{14}$	**100 Billionen**
1 000 000 000 000 000	$= 10^{15}$	**1 Billiarde**
10 000 000 000 000 000	$= 10^{16}$	**10 Billiarden**
100 000 000 000 000 000	$= 10^{17}$	**100 Billiarden**
1 000 000 000 000 000 000	$= 10^{18}$	**1 Trillion**

ZAHLSYSTEME

Das Dualsystem (Zweiersystem) ist das Stellenwertsystem mit der Basis 2. Computer arbeiten auf seiner Grundlage. Mihilfe der **Ziffern 0 und 1** und der **Potenzen von 2** („Stufenzahlen") lässt sich jede Zahl darstellen.

Beispiele:
$30_{(10)} = 1 \cdot 16 + 1 \cdot 8 + 1 \cdot 4 + 1 \cdot 2 + 0 \cdot 1$
$= 1 \cdot 2^4 + 1 \cdot 2^3 + 1 \cdot 2^2 + 1 \cdot 2^1 + 0 \cdot 2^0 = 11110_{(2)}$
$32_{(10)} = 1 \cdot 32 + 0 \cdot 16 + 0 \cdot 8 + 0 \cdot 4 + 0 \cdot 2 + 0 \cdot 1$
$= 1 \cdot 2^5 + 0 \cdot 2^4 + 0 \cdot 2^3 + 0 \cdot 2^2 + 0 \cdot 2^1 + 0 \cdot 2^0$
$= 100000_{(2)}$

DUALSYSTEM, ZWEIERSYSTEM

Basis: 2

Ziffern: 0, 1

Das Hexadezimalsystem (Sechzehnersystem) ist das Stellenwertsystem mit der Basis 16. Die Zahlen werden mithilfe von **16 Ziffern** und der **Potenzen von 16** („Stufenzahlen") dargestellt. Die Ziffern bestehen aus den „Zahlenziffern" 0 bis 9 und den „Buchstabenziffern" A bis F.

Beispiele:
$30_{(10)} = 1 \cdot 16 + 14 \cdot 1 = 1 \cdot 16^1 + 14 \cdot 16^0 = 1E_{(16)}$
$32_{(10)} = 2 \cdot 16 + 0 \cdot 1 = 2 \cdot 16^1 + 0 \cdot 16^0 = 20_{(16)}$

HEXADEZIMALSYSTEM, SECHZEHNERSYSTEM

Basis: 16

Ziffern: 0 bis 9, A bis F

Das römische Zahlsystem ist **kein Stellenwertsystem**. Jedes Zahlzeichen hat unabhängig von seiner Stellung immer die gleiche Bedeutung.

Bei der Darstellung der Zahlen mithilfe der insgesamt sieben römischen Zahlzeichen (I, V, X, L, C, D, M) gilt:

- Steht ein Zeichen für eine kleinere Zahl **vor** dem für eine größere Zahl, so wird **subtrahiert**.
- Stehen gleiche Zeichen nebeneinander oder das kleinere Zeichen **hinter** dem größeren, so wird **addiert**.
- Mehr als drei gleiche Zeichen werden im Allgemeinen nicht nebeneinander geschrieben.

Beispiele:
$IX = 10 - 1 = 9 \quad XI = 10 + 1 = 11 \quad XC = 100 - 10 = 90$
$MCMXCV = 1\,000 + 900 + 90 + 5 = 1\,995$

RÖMISCHES ZAHLSYSTEM

I = 1
V = 5
X = 10
L = 50
C = 100
D = 500
M = 1 000

Runden von Zahlen

Runden

≈

Näherungswert

Aufrunden

Abrunden

Beim Runden wird eine Zahl durch einen **Näherungswert** ersetzt.
Beim **Aufrunden** ist der Näherungswert größer als die Zahl, beim **Abrunden** kleiner.
Eine Zahl verbindet man mit ihrem Näherungswert durch das Zeichen „≈", gelesen „ist ungefähr gleich".
Gerundet wird
- auf den nächstgrößeren oder nächstkleineren Zehner, Hunderter, Tausender usw. oder
- auf die nächstgrößere oder nächstkleinere Dezimalzahl, die eine, zwei, drei usw. weniger Stellen hinter dem Komma hat.

Rundungsregeln

Aufrunden
9
8
7
6
5
―――
4
3
2
1
0
Abrunden

Beim Runden gilt für **alle** Ziffern, die **hinter** der Stelle stehen, auf die gerundet wird:
- Stehen sie **vor** dem Komma, so werden sie durch Nullen ersetzt.
- Stehen sie **nach** dem Komma, so werden sie einfach weggelassen.

Abgerundet wird, wenn die erste zu ersetzende Ziffer eine **0**, **1**, **2**, **3** oder **4** ist.

Aufgerundet wird, wenn die erste zu ersetzende Ziffer eine **5**, **6**, **7**, **8** oder **9** ist.

Beim Abrunden bleibt die letzte nicht zu ersetzende Ziffer unverändert, beim Aufrunden wird sie um 1 erhöht.

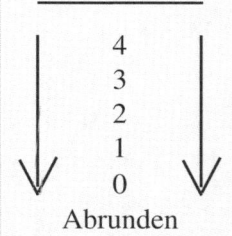

Beispiele:

54 ≈ 50	*123 ≈ 120*	*2 471 ≈ 2 000*
5,4 ≈ 5	*1,23 ≈ 1,2*	*24,71 ≈ 20*
55 ≈ 60	*128 ≈ 130*	*2 971 ≈ 3 000*
5,5 ≈ 6	*1,28 ≈ 1,3*	*29,71 ≈ 30*
352 ≈ 350	*62,9 ≈ 63*	*9,048 ≈ 9,05*
352 ≈ 400	*62,9 ≈ 60*	*9,048 ≈ 9,0*

Wie weitreichend eine Zahl zu runden ist, hängt von der jeweiligen Fragestellung ab. Zu unterscheiden ist, ob auf eine gegebene Stelle oder auf eine bestimmte Anzahl geltender Ziffern zu runden ist.

RUNDEN VON ZAHLEN

Beim Runden auf einen bestimmten Stellenwert ist der gesuchte Näherungswert
- der nächstgrößere oder nächstkleinere Zehner, Hunderter, Tausender usw. – je nachdem, auf welche Stelle zu runden ist – oder
- die nächstgrößere oder nächstkleinere Dezimalzahl, deren letzte Dezimalstelle Zehntel, Hundertstel, Tausendstel usw. sind – je nachdem, auf welche Stelle zu runden ist.

RUNDEN AUF STELLENWERTE

$1475 \approx 1480$
$1475 \approx 1500$
$1475 \approx 1000$

Beispiele:

Zahl	Zu runden ist auf:		
	Zehner	Hunderter	Tausender
2 516	2 520	2 500	3 000
4 902	4 900	4 900	5 000
9 598	9 600	9 600	10 000

Zahl	Zu runden ist auf:		
	Tausendstel	Hundertstel	Zehntel
1,3648	1,365	1,36	1,4
9,0481	9,048	9,05	9,0
0,9697	0,970	0,97	1,0

$1,475 \approx 1,48$
$1,475 \approx 1,5$
$1,475 \approx 1$

Die **erste** geltende Ziffer einer Zahl ist – von links aus – die erste von 0 verschiedene Ziffer der Zahl. Rechts daneben steht die zweite geltende Ziffer usw.

Beim Runden auf n geltende Ziffern wird auf die **n-te** geltende Ziffer gerundet. Es wird also **von vorne** die Anzahl der Ziffern abgezählt. Führende Nullen bei Dezimalzahlen werden nicht berücksichtigt.

RUNDEN AUF GELTENDE ZIFFERN

$147 \approx 150$
$14,7 \approx 15$
$1,47 \approx 1,5$

$0,147 \approx 0,15$
$0,0147 \approx 0,015$
$0,00147 \approx 0,0015$

Beispiele:

Zahl	Zu runden ist auf:		
	3 geltende Ziffern	2 geltende Ziffern	1 geltende Ziffer
34 502	34 500	35 000	30 000
7,037	7,04	7,0	7
0,03895	0,0390	0,039	0,04

LÄNGENMAßE

STANDARDMAßE

Kilometer [km]

Meter [m]

Dezimeter [dm]

Zentimeter [cm]

Millimeter [mm]

Das gesetzliche **Standardmaß der Längenmessung** ist **1 Meter** (1 m). Es ist seit 1983 definiert als die Länge der Strecke, die das Licht in einer bestimmten Zeit im Vakuum durchläuft.

1 km entspricht 1 000 m. Ansonsten gilt: Die Umrechnungszahl von einer Längeneinheit zur nächsten ist 10.

1 km = 1 000 m = 10 000 dm = 100 000 cm = 1 000 000 mm
$\xrightarrow{:1\,000}$ 1 m = 10 dm = 100 cm = 1 000 mm
$\xrightarrow{:10}$ 1 dm = 10 cm = 100 mm
$\xrightarrow{:10}$ 1 cm = 10 mm
$\xrightarrow{:10}$ 1 mm

1 mm = 0,1 cm = 0,01 dm = 0,001 m = 0,000001 km
$\xrightarrow{\cdot 10}$ 1 cm = 0,1 dm = 0,01 m = 0,00001 km
$\xrightarrow{\cdot 10}$ 1 dm = 0,1 m = 0,0001 km
$\xrightarrow{\cdot 10}$ 1 m = 0,001 km
$\xrightarrow{\cdot 1\,000}$ 1 km

Beispiele:
1) *0,06 km = 60 m = 600 dm = 6 000 cm = 60 000 mm*
2) *230 mm = 23 cm = 2,3 dm = 0,23 m = 0,00023 km*
3) *2,08735 km = 2 km 87 m 3 dm 5 cm*
4) *6 m 4 cm = 6,04 m = 60,4 dm = 604 cm = 6 040 mm*

ANDERE MAßE

Seemeile [sm]
Lichtjahr [Lj]
Ångström [Å]

inch, foot, yard
[in], [ft], [yd]

mile, Werst

Seemeile:	1 sm = 1852 m	(international)
Lichtjahr:	1 Lj = 9,461 · 10^{15} m	(international)
Ångström:	1 Å = 10^{-10} m	(international)
inch, Zoll:	1 in = 1" = 25,4 mm	(GB, USA)
foot, Fuß:	1 ft = 1' = 30,48 cm	1 ft = 12"
yard, Elle:	1 yd = 91,44 cm	1 yd = 3 ft
mile, Meile:	1 mile = 1 609,3 m	1 mile = 1 760 yds.
Werst:	1 Werst = 1,067 km	(Russland)

FLÄCHENMAßE

Das **Standardmaß der Flächenmessung** ist **1 Quadratmeter** (1 m^2). Es entspricht dem Flächeninhalt eines Quadrates von einem Meter Seitenlänge.

Die Umrechnungszahl für Flächeneinheiten ist 100.

1 km^2 = 100 ha = 10 000 a = 1 000 000 m^2
  └→ :100   1 ha = 100 a = 10 000 m^2
              └→ :100   1 a = 100 m^2
                         └→ :100   1 m^2

1 m^2 = 100 dm^2 = 10 000 cm^2 = 1 000 000 mm^2
  └→ :100   1 dm^2 = 100 cm^2 = 10 000 mm^2
              └→ :100   1 cm^2 = 100 mm^2
                         └→ :100   1 mm^2

1 m^2 = 0,01 a = 0,0001 ha = 0,000001 km^2
  └→ ·100   1 a = 0,01 ha = 0,0001 km^2
              └→ ·100   1 ha = 0,01 km^2
                         └→ ·100   1 km^2

1 mm^2 = 0,01 cm^2 = 0,0001 dm^2 = 0,000001 m^2
  └→ ·100   1 cm^2 = 0,01 dm^2 = 0,0001 m^2
              └→ ·100   1 dm^2 = 0,01 m^2
                         └→ ·100   1 m^2

Beispiele:
1) 0,06 km^2 = 6 ha = 600 a = 60 000 m^2
2) 230 mm^2 = 2,3 cm^2 = 0,023 dm^2 = 0,00023 m^2
3) 2,08735 km^2 = 2 km^2 8 ha 73 a 50 m^2
4) 6 m^2 4 cm^2 = 6,0004 m^2 = 600,04 dm^2

STANDARDMAßE

Quadratkilometer [km^2]

Hektar [ha]

Ar [a]

Quadratmeter [m^2]

Quadratdezimeter [dm^2]

Quadratzentimeter [cm^2]

Quadratmillimeter [mm^2]

$\boxed{1\,\text{cm}^2}$ 1 cm

Morgen: 1 Morgen = 25,5 ar (Preußen)
         1 Morgen = 27,67 ar (Sachsen)

square yard: 1 square yard = 0,8362 m^2 (GB, USA)
acre: 1 acre = 4 840 square yards = 4047 m^2

ANDERE MAßE

Morgen

square yard, acre

VOLUMENMAßE

STANDARDMAßE

Kubikmeter
[m³]

Kubikdezimeter
[dm³]

Kubikzentimeter
[cm³]

Kubikmillimeter
[mm³]

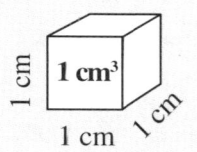

Das **Standardmaß der Volumen-** oder **Raummessung** ist **1 Kubikmeter** (1 m³). Es entspricht dem Volumen eines Würfels von einem Meter Kantenlänge.

Die Umrechnungszahl für Volumeneinheiten ist 1 000.

1 m³ = 1 000 dm³ = 1 000 000 cm³ = 1 000 000 000 mm³
      : 1 000 → 1 dm³ = 1 000 cm³ = 1 000 000 mm³
                    : 1 000 → 1 cm³ = 1 000 mm³
                                : 1 000 → 1 mm³

1 mm³ = 0,001 cm³ = 0,000001 dm³ = 0,000000001 m³
      · 1 000 → 1 cm³ = 0,001 dm³ = 0,000001 m³
                  · 1 000 → 1 dm³ = 0,001 m³
                             · 1 000 → 1 m³

Beispiele:
1) 0,06 m³ = 60 dm³ = 60 000 cm³ = 60 000 000 mm³
2) 230 mm³ = 0,23 cm³ = 0,00023 dm³ = 0,00000023 m³
3) 2,08735 m³ = 2 m³ 87 dm³ 350 cm³
4) 6 m³ 4 cm³ = 6,000004 m³ = 6 000,004 dm³

ANDERE MAßE

Hektoliter
[hl]

Liter
[l]

Deziliter
[dl]

Zentiliter
[cl]

Milliliter
[ml]

Bei der Messung des Volumens von Flüssigkeiten wird häufig die Maßeinheit **1 Liter** (1 l) verwendet.

Umrechnung:

1 l = 1 dm³			1 ml = 1 cm³	

1 hl =	100 l =	1 000 dl =	10 000 cl =	100 000 ml
	1 l =	10 dl =	100 cl =	1 000 ml
1 ml =	0,1 cl =	0,01 dl =	0,001 l =	0,00001 hl
			1 l =	0,01 hl

Beispiele:
1) 0,06 hl = 6 l = 6 dm³ = 60 dl = 600 cl = 6 000 ml
2) 230 ml = 23 cl = 2,3 dl = 0,23 l = 0,23 dm³ = 0,0023 hl
3) 2,08735 hl = 2 hl 8 l 7 dl 3 cl 5 ml
4) 6 m³ 4 cm³ = 6 000,004 dm³ = 6 000 l 4 ml

GEWICHTSMAßE (MASSEN)

Das gesetzliche **Standardmaß der Gewichtsmessung*** ist **1 Kilogramm** (1 kg). Es ist festgelegt durch das Gewicht des „Urkilogramms", das in Paris aufbewahrt wird.
Die Umrechnungszahl für Gewichtseinheiten ist 1 000.

1 t =   **1 000 kg =**   1 000 000 g = 1 000 000 000 mg
└─: 1 000─→ **1 kg =**   **1 000 g =**   1 000 000 mg
                └─: 1 000─→ **1 g =**   **1 000 mg**
                                      └─: 1 000─→ 1 mg

1 mg =   0,001 g =   0,000001 kg =   0,000000001 t
└─· 1 000─→ **1 g =**   0,001 kg =   0,000001 t
               └─· 1 000─→ **1 kg =**   0,001 t
                               └─· 1 000─→ 1 t

Beispiele:
1) 0,5 t = 500 kg = 500 000 g = 500 000 000 mg
2) 250 mg = 0,25 g = 0,00025 kg = 0,00000025 t
3) 6,04605 t = 6 t 46 kg 50 g
4) 30 t 50 kg = 30,05 t = 30 050 kg

* Anmerkung:
Der hier verwendete Begriff „Gewicht" ist umgangssprachlich und bezeichnet die Größe, die in der Physik „Masse" genannt wird. „Gewicht" ist dagegen in der Physik eine **Kraft**, die in der Einheit **1 Newton** (1 N) gemessen wird.

STANDARDMAßE

Tonne
[t]

Kilogramm
[kg]

Gramm
[g]

Milligramm
[mg]

Pfund:	1 Pfd. = 500 g	(Deutschland)
Zentner:	1 Ztr. = 50 kg	(Deutschland)
Karat:	1 k = 1 c = 200 mg	(international)
ounce, Unze:	1 oz = 28,35 g	(GB, USA)
pound, Pfund:	1 lb = 16 oz = 453,6 g	(GB, USA)
quarter:	1 qr = 28 lbs = 12,70 kg	(GB)
quarter:	1 qr = 25 lbs = 11,34 kg	(USA)

ANDERE MAßE

Pfund [Pfd.]
Zentner [Ztr.]
Karat [k, c]
ounce [oz]
pound [lb]
quarter [qr]

37

ZEITSPANNEN

STANDARDMAßE

Jahr
[a]

Tag
[d]

Stunde
[h]

Minute
[min]

Sekunde
[s]

Das gesetzliche **Standardmaß der Messung von Zeitspannen** ist **1 Sekunde** (1 s). Es gilt:

| 1 Jahr = 365 Tage | 1 Tag = 24 Stunden |
| 1 Stunde = 60 Minuten | 1 Minute = 60 Sekunden |

Umrechnung:

1 a = 365 d = 8 760 h = 525 600 min = 31 536 000 s
$\xrightarrow{:365}$ 1 d = 24 h = 1 440 min = 86 400 s
$\xrightarrow{:24}$ 1 h = 60 min = 3 600 s
$\xrightarrow{:60}$ 1 min = 60 s
$\xrightarrow{:60}$ 1 s

1 s = $\frac{1}{60}$ min = $\frac{1}{3600}$ h = $\frac{1}{86400}$ d = $\frac{1}{31536000}$ a
$\xrightarrow{\cdot 60}$ 1 min = $\frac{1}{60}$ h = $\frac{1}{1440}$ d = $\frac{1}{525600}$ a
$\xrightarrow{\cdot 60}$ 1 h = $\frac{1}{24}$ d = $\frac{1}{8760}$ a
$\xrightarrow{\cdot 24}$ 1 d = $\frac{1}{365}$ a
$\xrightarrow{\cdot 365}$ 1 a

Beispiele:

1) 8 a = 8 · 365 d = 2 920 d = 2 920 · 24 h = 70 080 h
2) 5 d = 5 · 24 h = 120 h = 120 · 60 min = 7 200 min
3) 9 h = 9 · 60 min = 540 min = 540 · 60 s = 32 400 s
4) 6 min = 6 · 60 s = 360 s
5) 5 d 9 h = 5 · 24 h + 9 h = 120 h + 9 h = 129 h
6) 136 h = 136 · $\frac{1}{24}$ d = $\frac{136}{24}$ d = 5$\frac{16}{24}$ d = 5 d 16 h

SCHALTJAHR

~~365~~
366

Schaltjahre haben 366 Tage. Der zusätzliche Tag ist der 29. Februar. (Fast) jedes vierte Jahr ist ein Schaltjahr. Schaltjahre sind Jahre, deren Jahreszahlen durch 4, aber nicht durch 100 teilbar sind.

Ausnahme: Schaltjahre sind auch die Jahre, deren Jahreszahlen durch 400 teilbar sind.

ZEITSPANNEN

Beim Umrechnen von einer Zeiteinheit in die nächste ist darauf zu achten, dass
- es drei verschiedene Umrechnungszahlen (24, 60 und 365) gibt und
- sich die Umrechnung **nicht** durch einfache Kommaverschiebung bewältigen lässt, weil die Umrechnungszahlen **keine** Zehnerpotenzen sind.

UMRECHNEN VON ZEITSPANNEN

$1\ a = 365\ d$

$1\ d = 24\ h$

$1\ h = 60\ min$

$1\ min = 60\ s$

Beispiele:

1) $48\ min = 48 \cdot \frac{1}{60} h = \frac{48}{60} h = \frac{4}{5} h = \frac{8}{10} h = 0{,}8\ h$

2) $3\ h\ \ 48\ min = 3\ h + 0{,}8\ h = 3{,}8\ h$

3) $0{,}4\ min = 0{,}4 \cdot 60\ s = 24\ s$

4) $8{,}4\ min = 8\ min + 0{,}4\ min = \ 8\ min\ \ 24\ s$

5) $0{,}6\ h = 0{,}6 \cdot 60\ min = 36\ min$

6) $0{,}4\ d = 0{,}4 \cdot 24\ h = 9{,}6\ h = 9\ h\ \ 36\ min$

Beim Rechnen mit Zeitspannen werden zusammengesetzte Einheiten **getrennt** berechnet. Werte, die sich nach dem Ausrechnen in der nächstgrößeren Einheit schreiben lassen, werden am Schluss umgewandelt.

Beim Subtrahieren und Dividieren muss man oft **vor** dem Ausrechnen in kleinere Einheiten umwandeln.

RECHNEN MIT ZEITSPANNEN

Beispiele:

1) $3\ h\ \ 15\ min + 7\ h\ \ 24\ min = 10\ h\ \ 39\ min$

2) $13\ d\ \ 17\ h + 40\ d\ \ 22\ h = 53\ d\ \ 39\ h = 54\ d\ \ 15\ h$

Addieren

3) $10\ h\ \ 39\ min - 7\ h\ \ 24\ min = 3\ h\ \ 15\ min$

4) $54\ d\ \ 15\ h - 13\ d\ \ 17\ h$
     $= 53\ d\ \ 39\ h - 13\ d\ \ 17\ h = 40\ d\ \ 22\ h$

Subtrahieren

5) $3 \cdot (7\ h\ \ 12\ min\ \ 8\ s) = 21\ h\ \ 36\ min\ \ 24\ s$

6) $5 \cdot (7\ h\ \ 12\ min\ \ 8\ s) = 35\ h\ \ 60\ min\ \ 40\ s$
     $= 36\ h\ \ 40\ s$

Multiplizieren

7) $(12\ d\ \ 20\ h) : 4 = 3\ d\ \ 5\ h$

8) $(12\ d\ \ 20\ h) : 16$
     $= 308\ h : 16 = 19{,}25\ h = 19\ h\ \ 15\ min$

Dividieren

GROSSE ZAHLEN

ZEHNERPOTENZEN

10^n

Die Stufenzahlen des Dezimalsystems lassen sich als Zehnerpotenzen mit **positiven** ganzen Exponenten übersichtlich und kurz schreiben. Es gilt u. a.:

$10^1 = 10$ $10^6 = 1\,000\,000$
$10^2 = 100$ $10^9 = 1\,000\,000\,000$
$10^3 = 1\,000$ 10^n ; $n \in \mathbb{N}$: 1 mit n Nullen

EINHEITEN-VORSÄTZE

Deka

Hekto

Kilo

Mega

Giga

In Verbindung mit Größen werden bestimmte Zehnerpotenzen häufig durch Vorsätze gekennzeichnet:

Potenz	Vorsatz	Zeichen	Beispiele
10^1	Deka	da	**Dekagramm:** *1 dag = 10 g* *In Österreich und Ungarn werden Lebensmittel häufig in Dekagramm verkauft.*
10^2	Hekto	h	**Hektoliter:** *1 hl = 10^2 l* *Ein Öltank mit 2,50 m Länge, 2 m Breite und 1,40 m Höhe fasst 70 hl Heizöl.*
10^3	Kilo	k	**Kilowatt:** *1 kW = 10^3 W* *Ein 72 PS-Motor erbringt eine Leistung von 54 kW.*
10^6	Mega	M	**Megahertz:** *1 MHz = 10^6 Hz* *UKW-Radiowellen haben eine Frequenz von 87 – 108 MHz.*
10^9	Giga	G	**Gigajoule:** *1 GJ = 10^9 J* *Eine Tonne Steinkohle liefert ca. 30 GJ Verbrennungsenergie, eine Tonne Heizöl ca. 40.*

WISSENSCHAFTLICHE NOTATION

$6{,}1 \cdot 10^n$

Große Zahlen werden oft als Produkt aus einer Zahl zwischen 1 und 10 und einer Zehnerpotenz mit positivem ganzen Exponenten geschrieben. Diese Darstellung nennt man „wissenschaftliche Notation".

Beispiele:
1) $123\,000 = 1{,}23 \cdot 10^5$ *2)* $859\,400\,000 = 8{,}594 \cdot 10^8$

KLEINE ZAHLEN

Die Systembrüche des Dezimalsystems lassen sich als Zehnerpotenzen mit **negativen** ganzen Exponenten übersichtlich und kurz schreiben. Es gilt u. a.:

$10^{-1} = 0{,}1$ $\quad\quad 10^{-6} = 0{,}000001$
$10^{-2} = 0{,}01$ $\quad 10^{-9} = 0{,}000000001$
$10^{-3} = 0{,}001$ $\quad 10^{-n}$; $n \in \mathbb{N}$: n Nullen vor der 1

ZEHNERPOTENZEN

$$10^{-n}$$

In Verbindung mit Größen werden bestimmte Zehnerpotenzen häufig durch Vorsätze gekennzeichnet:

Potenz	Vorsatz	Zeichen	Beispiele
10^{-1}	Dezi	d	*Deziliter: 1 dl = 10^{-1} l* *2 dl entsprechen ungefähr einem Wasserglas.*
10^{-2}	Zenti	c	*Zentimeter: 1 cm = 10^{-2} m* *Ein DIN A4-Blatt ist 21 cm breit, ein DIN A5-Blatt 14,8 cm.*
10^{-3}	Milli	m	*Milliliter: 1 ml = 10^{-3} l* *5 ml sind ca. ein Teelöffel.*
10^{-6}	Mikro	µ	*Mikrometer: 1 µm = 10^{-6} m* *Rote Blutkörperchen haben einen Durchmesser von 7 µm. Alle roten Blutkörperchen in 1 ml Blut ergäben aneinander gereiht eine Strecke von 35 km.*
10^{-9}	Nano	n	*Nanosekunde: 1 ns = 10^{-9} s* *Eine Cäsium-Atomuhr geht pro Tag ca. 1,6 ns falsch, das ist 1 s in 1,7 Millionen Jahren.*

EINHEITEN-VORSÄTZE

Dezi

Zenti

Milli

Mikro

Nano

Kleine Zahlen werden oft als Produkt aus einer Zahl zwischen 1 und 10 und einer Zehnerpotenz mit negativem ganzen Exponenten geschrieben. Sie sind dann in „wissenschaftlicher Notation" dargestellt.

Beispiele:
1) $0{,}00123 = 1{,}23 \cdot 10^{-3}$ **2)** $0{,}00008594 = 8{,}594 \cdot 10^{-5}$

WISSENSCHAFTLICHE NOTATION

$$6{,}1 \cdot 10^{-n}$$

PROZENTRECHNUNG

RELATIVER ANTEIL

Den Bruchteil, den ein **Teil eines Ganzen am Ganzen** ausmacht, nennt man „relativen Anteil" am Ganzen.

Beispiel:
Der relative Anteil von 6 Schülern an 24 Schülern ist gleich $\frac{6}{24} = \frac{1}{4}$.

PROZENT

%

Für relative Anteile mit dem Nenner 100 ist die Bezeichnung „Prozent" – geschrieben „%" – gebräuchlich.

„Prozent" bedeutet „**Hundertstel**". 25% ist eine andere Schreibweise für den Bruch $\frac{25}{100}$.

Beispiele:
In der ersten Zeile der Tabelle stehen einige relative Anteile in Bruchschreibweise. Darunter sind dieselben Anteile in Prozentschreibweise notiert.

$\frac{1}{20} = \frac{5}{100}$	$\frac{1}{8} = \frac{12,5}{100}$	$\frac{1}{5} = \frac{20}{100}$	$\frac{1}{4} = \frac{25}{100}$	$\frac{1}{3} = \frac{33\frac{1}{3}}{100}$	$\frac{1}{2} = \frac{50}{100}$
5%	12,5%	20%	25%	$33\frac{1}{3}$%	50%

GRUNDWERT PROZENTSATZ PROZENTWERT

G
p%
W

Der Grundwert **G** ist das Ganze. Der Prozentsatz **p%** gibt an, welcher Bruchteil vom Ganzen zu bilden ist. Der Prozentwert **W** gibt an, wie groß dieser Teil ist.

Beispiel:

$\underbrace{25\%}_{\text{Prozentsatz p\%}}$ von $\underbrace{24 \text{ Schülern}}_{\text{Grundwert G}}$ = $\underbrace{6 \text{ Schüler}}_{\text{Prozentwert W}}$

PROMILLE

‰

„Promille" bedeutet „**Tausendstel**". 8‰ ist eine andere Schreibweise für den Bruch $\frac{8}{1\,000}$.

PROZENTRECHNUNG

Sind der Grundwert G und der Prozentsatz p% gegeben, so lässt sich daraus der Prozentwert W durch Einsetzen in die Formel **W = $\frac{p}{100}$ · G** berechnen.

PROZENTWERT BERECHNEN

Beispiel:
Ein Mantel zu 160 Euro wird um 40% reduziert. Wie hoch ist der Preisnachlass?
gegeben: $\quad$ G = 160 € $\quad$ p% = 40%
Rechnung: $\quad$ W = $\frac{40}{100}$ · 160 € = 64 €
Der Preisnachlass beträgt 64 Euro.

$$W = \frac{p}{100} \cdot G$$

Sind der Grundwert G und der Prozentwert W gegeben, so lässt sich daraus der Prozentsatz p% durch Einsetzen in die Formel **p = 100 · $\frac{W}{G}$** berechnen.

PROZENTSATZ BERECHNEN

Beispiel:
Ein Mantel zu 160 Euro wird um 64 Euro reduziert. Wie viel Prozent beträgt der Preisnachlass?
gegeben: $\quad$ G = 160 € $\quad$ W = 64 €
Rechnung: $\quad$ p = 100 · $\frac{64\ €}{160\ €}$ = 40
$\qquad\qquad\quad$ p% = 40%
Der Preisnachlass beträgt 40%.

$$p = 100 \cdot \frac{W}{G}$$

Sind der Prozentwert W und der Prozentsatz p% gegeben, so lässt sich daraus der Grundwert G durch Einsetzen in die Formel **G = $\frac{100}{p}$ · W** berechnen.

GRUNDWERT BERECHNEN

Beispiel:
Ein Mantel wird um 40% reduziert und kostet danach 64 Euro weniger. Wie teuer war er ursprünglich?
gegeben: $\quad$ W = 64 € $\quad$ p% = 40%
Rechnung: $\quad$ G = $\frac{100}{40}$ · 64 € = 160 €
Der Mantel kostete ursprünglich 160 Euro.

$$G = \frac{100}{p} \cdot W$$

ZINSRECHNUNG

KAPITAL
JAHRESZINSEN
ZINSSATZ

K
Z
p%

Das Kapital **K** ist der verliehene oder ausgeliehene Geldbetrag. Die Jahreszinsen **Z** sind die Leihgebühr für ein Jahr. Der Zinssatz **p%** legt fest, wie viel Prozent des Kapitals die Jahreszinsen betragen.

Beispiel:

$\underbrace{5\%}_{\text{Zinssatz p\%}}$ von $\underbrace{100\ €}_{\text{Kapital K}}$ = $\underbrace{5\ €}_{\text{Zinsen Z}}$

LAUFZEIT

Die Zeit, während der ein Kapital ausgeliehen oder verliehen wird, heißt „Laufzeit". Im Geldwesen gilt: Ein Monat zählt 30 Tage. Ein Jahr zählt 360 Tage.

JAHRESZINSEN BERECHNEN

$Z = \dfrac{p}{100} \cdot K$

Sind das Kapital K und der Zinssatz p% gegeben, so lassen sich daraus die Jahreszinsen Z durch Einsetzen in die Formel **Z = $\dfrac{p}{100}$ · K** berechnen.

Beispiel: Ein Darlehen von 1 000 Euro wird mit 7% verzinst. Wie hoch sind die Jahreszinsen?
gegeben: K = 1 000 €   p% = 7%
Rechnung: Z = $\dfrac{7}{100}$ · 1 000 € = 70 €
Die Jahreszinsen betragen 70 Euro.

ZINSSATZ BERECHNEN

$p = 100 \cdot \dfrac{Z}{K}$

Sind das Kapital K und die Jahreszinsen Z gegeben, so lässt sich daraus der Zinssatz p% durch Einsetzen in die Formel **p = 100 · $\dfrac{Z}{K}$** berechnen.

Beispiel: Für ein Darlehen von 1 000 Euro betragen die Jahreszinsen 70 Euro. Wie hoch ist der Zinssatz?
gegeben: K = 1 000 €   Z = 70 €
Rechnung: p = 100 · $\dfrac{70\ €}{1\ 000\ €}$ = 7
Der Zinssatz beträgt 7 %.

ZINSRECHNUNG

Sind die Jahreszinsen Z und der Zinssatz p% gegeben, so lässt sich daraus das Kapital K durch Einsetzen in die Formel **K = $\frac{100}{p}$ · Z** berechnen.

Beispiel: *Für ein Darlehen zu 7% sind 70 Euro Jahreszinsen zu zahlen. Wie hoch ist das Darlehen?*
gegeben: Z = 70 €   p% = 7%
Rechnung: K = $\frac{100}{7}$ · 70 € = 1 000 €
Das Darlehen beträgt 1 000 Euro.

KAPITAL BERECHNEN

$$K = \frac{100}{p} \cdot Z$$

Verzinsung bei Laufzeiten von Monaten:

gesucht: Zinsen Z_m für m Monate	gesucht: Zinssatz p%	gesucht: Kapital K	gesucht: Laufzeit: m Monate
gegeben: Zinssatz p% Kapital K Laufzeit: m Monate	gegeben: Kapital K Laufzeit: m Monate Zinsen Z_m für m Monate	gegeben: Zinssatz p% Laufzeit: m Monate Zinsen Z_m für m Monate	gegeben: Zinssatz p% Kapital K Zinsen Z_m für m Monate
$Z_m = \frac{m \cdot p \cdot K}{12 \cdot 100}$	$p = \frac{12 \cdot 100 \cdot Z_m}{m \cdot K}$	$K = \frac{12 \cdot 100 \cdot Z_m}{m \cdot p}$	$m = \frac{12 \cdot 100 \cdot Z_m}{p \cdot K}$

MONATSZINSEN

$$Z_m = \frac{m}{12} \cdot Z$$

Z_m: Zinsen für m Monate
Z: Jahreszinsen

Verzinsung bei Laufzeiten von Tagen:

gesucht: Zinsen Z_t für t Tage	gesucht: Zinssatz p%	gesucht: Kapital K	gesucht: Laufzeit: t Tage
gegeben: Zinssatz p% Kapital K Laufzeit: t Tage	gegeben: Kapital K Laufzeit: t Tage Zinsen Z_t für t Tage	gegeben: Zinssatz p% Laufzeit: t Tage Zinsen Z_t für t Tage	gegeben: Zinssatz p% Kapital K Zinsen Z_t für t Tage
$Z_t = \frac{t \cdot p \cdot K}{360 \cdot 100}$	$p = \frac{360 \cdot 100 \cdot Z_t}{t \cdot K}$	$K = \frac{360 \cdot 100 \cdot Z_t}{t \cdot p}$	$t = \frac{360 \cdot 100 \cdot Z_t}{p \cdot K}$

TAGESZINSEN

$$Z_t = \frac{t}{360} \cdot Z$$

Z_t: Zinsen für t Tage
Z: Jahreszinsen

REGISTER

Abbrechende Dezimalzahl 2, **20**
Abgeschlossenheit **6**
Abrunden **32**
Addieren, Addition **4**
~ von Brüchen 18
~ von Dezimalzahlen 20
~ von rationalen Zahlen 23
Additiv-inverses Element **6**
Assoziativgesetz **7**
Aufrunden **32**
Basis einer Potenz **5**, 26
~ eines Logarithmus 28
~ von Zahlsystemen .... 30 f.
Basiswechsel (Logarithmen) **28**
Betrag **22**
Bruch **16**
   gleichnamige Brüche 17
   gleichwertige Brüche 17
   Schreibweise als Dezimalzahl 2, 21
   ungleichnamige Brüche 17
   Zehnerbruch 20
Bruchzahl 2, **17**
Dezimalen **20**
Dezimalsystem **30**
Dezimalzahl/Dezimalbruch 2, **20**
   nicht-abbrechende Dezimalzahl ... 3
   nicht-periodische Dezimalzahl 3
   periodische Dezimalzahl 21
   Schreibweise als Bruch 2
Differenz **4**
Distributivgesetz **7**
Dividend **5**
Dividieren, Division **5**
~ einer Summe durch eine Zahl 7
~ von Brüchen 19
~ von Dezimalzahlen 21
~ von Potenzen .... 26 f.
~ von Quadratzahlen 24
~ von rationalen Zahlen 23
Divisor **5**
Dualsystem **31**
Echter Bruch **16**
Einheitenvorsätze .... **40** f.
Endliche Dezimalzahl **20**, 21
Erweitern .... **16** f.
Euklidischer Algorithmus **12**
Exponent **5**
   ganzzahliger ~ 26
   natürlicher ~ 26
   rationaler ~ 26

Faktor **4**
   Produkt mit mehreren Faktoren 7, 23
   Vertauschen von Faktoren 7
Ganze Zahl **2**, 22
Gebrochene Zahl **2**
Gegenzahl 6, **22**
Geltende Ziffer **33**
Gemischte Zahl **18**
ggT **10**
~ bestimmen 12
Gleichnamige Brüche **17**
~ addieren und subtrahieren 18
Gleichwertige Brüche **17**
Grundwert **42**
~ berechnen 43
Grundzahl .... s. Basis
Hauptnenner **17**
Hexadezimalsystem **31**
Hochzahl .... s. Exponent
Intervall **3**
Inverse Elemente **6**
Irrationale Zahlen **3**, 24
Jahreszinsen **44**
Kapital **44**
~ berechnen 45
Kehrbruch/Kehrwert 6, **16**
kgV **10**
~ bestimmen 13
Klammern **8**
~ auflösen 9
Kommutativgesetz **7**
Komplementäre Teiler **10**
Kürzen **16**
~ vor dem Multiplizieren 19
Laufzeit **44**
~ berechnen 45
Logarithmus **28**
Minuend **4**
Monatszinsen **45**
Multiplikativ-inverses Element **6**
Multiplizieren, Multiplikation **4**
~ einer Summe mit einer Zahl 7
~ von Brüchen 19
~ von Dezimalzahlen 21
~ von Potenzen .... 26 f.
~ von Quadratwurzeln 24
~ von rationalen Zahlen 23
n-te Wurzel **26**
Näherungswert beim Runden **32**
~ von Logarithmen 28
~ von Quadratwurzeln 24

Natürliche Zahl ... **2**
~ als Bruch schreiben ... 16
Negative Zahl ... **2, 22**
Nenner eines Bruches ... **16**
~ rationalisieren (bei Wurzeln) ... 25
Neutrales Element ... **6**
Nicht-abbrechende Dezimalzahl ... **3**
Nicht-periodische Dezimalzahl ... **3**
Partielles Wurzelziehen ... **25**
Periodische Dezimalzahl ... **2, 21**
Positive Zahl ... **2, 22**
Potenzieren, Potenz ... **5,** 26
~ von Potenzen ... 27
Primfaktorzerlegung ... **11**
~ zusammengesetzter Zahlen bis 143 ... 15
    Bestimmung des ggT mit ~ ... 12
    Bestimmung des kgV mit ~ ... 13
Primzahl ... **11**
    Primzahlen bis 1 601 ... 14
Produkt ... **4**
~ mit mehreren Faktoren ... 7, 23
Promille ... **42**
Prozent ... **42**
Prozentsatz ... **42**
~ berechnen ... 43
Prozentwert ... **42**
~ berechnen ... 43
Punktrechnung ... **8**
Quadratwurzel ... **24**
Quersumme ... **11**
Quotient ... **5**
    Bruch als ~ ... 16
Radikand, Radizieren ... **24**
Rationale Zahl ... **2, 22**
Rationalisieren des Nenners ... **25**
Rechenarten gleicher Stufe ... **8**
~ verschiedener Stufe ... 8
Rechengesetze anwenden ... **9**
Rechnen mit Beträgen ... **22**
~ mit Zeitspannen ... 39
Reelle Zahlen ... **3,** 24 ff.
Reihenfolge beim Rechnen ... **8**
Relativer Anteil ... **42**
Römisches Zahlsystem ... **31**
Runden ... **32**
~ auf geltende Ziffern ... 33
~ auf Stellenwerte ... 33
Rundungsregeln ... **32**
Schaltjahr ... **38**
Sechzehnersystem ... **31**
Stammbruch ... **16**
Standardmaße für Flächen ... **35**

~ für Gewichte (Massen) ... 37
~ für Längen ... 34
~ für Volumina (Rauminhalte) ... 36
~ für Zeitspannen ... 38
Stellenwertsystem mit der Basis 2 ... **31**
~ mit der Basis 10 ... 30
~ mit der Basis 16 ... 31
Strichrechnung ... **8**
Stufenzahlen des Dezimalsystems ... **30**
~ des Dualsystems ... 31
~ des Hexadezimalsystems ... 31
Subtrahend ... **4**
Subtrahieren, Subtraktion ... **4**
~ von Brüchen ... 18
~ von Dezimalzahlen ... 20
~ von rationalen Zahlen ... 23
Summand ... **4**
    Vertauschen von Summanden ... 7
Summe ... **4**
~ durch eine Zahl dividieren ... 7
~ mit einer Zahl multiplizieren ... 7
~ mit mehreren Summanden ... 7
    eingeklammerte ~ ... 9
Tageszinsen ... **45**
Teilbarkeit durch 2, 3, 4, 5, 6, 9, 12 ... **11**
Teilbarkeitsregeln ... **11**
Teiler, Teilermenge ... **10**
Teilerfremde Zahlen ... **10**
Teilweises Radizieren ... **25**
Unechter Bruch ... **16**
Ungleichnamige Brüche ... **17**
~ addieren und subtrahieren ... 18
Vielfaches, Vielfachenmenge ... **10**
Vorteilhaftes Rechnen ... **9**
Vorzeichen ... **22**
Vorzeichenregeln ... **23**
Wissenschaftliche Notation ... **40 f.**
Wurzel, Quadratwurzel ... **24**
    n-te Wurzel ... 26
Zahlengerade ... **2, 22**
Zahlenstrahl ... **2**
Zähler ... **16**
Zehnerbruch ... **20**
Zehnerpotenzen ... 30, **40**
    Multiplikation und Division mit ~ ... 21
Zehnersystem ... **30**
Ziffern des Dezimalsystems ... **30**
~ des Dualsystems ... 31
~ des Hexadezimalsystems ... 31
~ geltende Ziffern ... 33
Zinssatz ... **44**
Zusammengesetzte Zahl ... **11**
Zweiersystem ... **31**

47

Wichtige Zeichen und Symbole

Zeichen	Bedeutung	Beispiel
=	ist gleich	3 = 3; 5 = 5
≠	ist ungleich	3 ≠ 5
≈	ist ungefähr gleich	3,2 ≈ 3; 4,8 ≈ 5
<	ist kleiner als	3 < 5
≤	ist kleiner oder gleich	3 ≤ 3; 3 ≤ 5
>	ist größer als	5 > 3
≥	ist größer oder gleich	5 ≥ 3; 5 ≥ 5
+	plus	3 + 5 = 8
−	minus	8 − 3 = 5
·	mal, multipliziert mit	5 · 3 = 15
:	geteilt, dividiert durch	15 : 3 = 5
M = {a; b; c}	endliche Menge mit den Elementen a, b und c	M = {1; 2; 3}
M = {a; b; c; ...}	unendliche Menge; erste Elemente: a, b und c	M = {1; 2; 3; ...}
∈	ist Element von	5 ∈ {1; 2; 3; ...}
∉	ist nicht Element von	5 ∉ {1; 2; 3}
$\mathbb{N}$ ($\mathbb{N}^*$)	Menge der natürlichen Zahlen (ohne 0)	$\mathbb{N}$ = {0; 1; 2; 3; ...}
$\mathbb{Z}$ ($\mathbb{Z}^*$)	Menge der ganzen Zahlen (ohne 0)	$\mathbb{Z}^*$ = {...; −3; −2; −1; 1; 2; 3; ...}
$\mathbb{Q}$ ($\mathbb{Q}^*$)	Menge der rationalen Zahlen (ohne 0)	$3 \in \mathbb{Q}$; $0,3 \in \mathbb{Q}$; $-\frac{1}{3} \in \mathbb{Q}$
$\mathbb{R}$ ($\mathbb{R}^*$)	Menge der reellen Zahlen (ohne 0)	$\sqrt{5} \in \mathbb{R}$; $-5 \in \mathbb{R}$; $5,0500... \in \mathbb{R}$
M = {x ∈ $\mathbb{R}$ | x < a}	Menge aller x ∈ $\mathbb{R}$, für die gilt: x ist kleiner als a	M = {x ∈ $\mathbb{R}$ | x < 1}
]a; b[	offenes Intervall; {x ∈ $\mathbb{R}$ | a < x < b}	]−2; 1[= {x ∈ $\mathbb{R}$ | −2 < x < 1}
]a; b]	linksoffenes Intervall; {x ∈ $\mathbb{R}$ | a < x ≤ b}	]−2; 1] = {x ∈ $\mathbb{R}$ | −2 < x ≤ 1}
[a; b[	rechtsoffenes Intervall; {x ∈ $\mathbb{R}$ | a ≤ x < b}	[−2; 1[= {x ∈ $\mathbb{R}$ | −2 ≤ x < 1}
[a; b]	abgeschlossenes Intervall; {x ∈ $\mathbb{R}$ | a ≤ x ≤ b}	[−2; 1] = {x ∈ $\mathbb{R}$ | −2 ≤ x ≤ 1}
T_a	Menge aller Teiler einer natürlichen Zahl a	T_6 = {1; 2; 3; 6}; T_9 = {1; 3; 9}
V_a	Menge aller Vielfachen einer natürlichen Zahl a	V_6 = {6; 12; 18;...}; V_9 = {9; 18;...}
a|b	a ist Teiler von b	1|6; 2|6; 3|6; 6|6; 1|9; 3|9; 9|9
ggT (a; b)	größter gemeinsamer Teiler von a und b	ggT (6; 9) = 3
kgV (a; b)	kleinstes gemeinsames Vielfaches von a und b	kgV (6; 9) = 18
%	Prozent (Hundertstel)	1 % von 200 = 2
‰	Promille (Tausendstel)	1 ‰ von 200 = 0,2
−a	Gegenzahl einer Zahl a	a = −3; −a = −(−3) = 3
| a |	Betrag einer Zahl a	| 3 | = 3; | −3 | = 3
$\frac{1}{a}$	Kehrbruch (Kehrwert) einer Zahl a	a = 3; $\frac{1}{a} = \frac{1}{3}$ a = $\frac{1}{5}$; $\frac{1}{a}$ = 5
a^n	n-te Potenz von a	2^3 = 2 · 2 · 2 = 8
$\sqrt{a}$	Quadratwurzel aus a	$\sqrt{4}$ = 2; $\sqrt{2}$ = 1,41421...
$\sqrt[n]{a}$	n-te Wurzel aus a	$\sqrt[3]{8}$ = 2; $\sqrt[5]{8}$ = 1,51571...
$\log_a b$	Logarithmus von b zur Basis a	$\log_2 8$ = 3
lg b	Logarithmus von b zur Basis 10	lg 1 000 = 3
ln b	Logarithmus von b zur Basis e = 2,71828...	ln e^3 = 3